精确制导武器系统
电子干扰效果试验与评估

Test and Evaluation of Electronic Jamming
Effect on Precision Guided Weapon Systems

高　卫　孙奕帆　危艳玲　编著

U0308485

国防工业出版社

·北京·

图书在版编目(CIP)数据

精确制导武器系统电子干扰效果试验与评估/高卫,
孙奕帆,危艳玲编著. —北京:国防工业出版社,
2018.8

ISBN 978-7-118-11712-7

Ⅰ.①精⋯ Ⅱ.①高⋯ ②孙⋯ ③危⋯ Ⅲ.①制导武
器—电子干扰—武器试验—评估 Ⅳ.①TJ76

中国版本图书馆 CIP 数据核字(2018)第 200112 号

※

国防工业出版社出版发行

(北京市海淀区紫竹院南路 23 号 邮政编码 100048)
天津嘉恒印务有限公司印刷
新华书店经售

＊

开本 710×1000 1/16 印张 13¾ 字数 242 千字
2018 年 8 月第 1 版第 1 次印刷 印数 1—2000 册 定价 60.00 元

(本书如有印装错误,我社负责调换)

国防书店:(010)88540777 发行邮购:(010)88540776
发行传真:(010)88540755 发行业务:(010)88540717

前　言

由于精确制导武器命中精度高、可实施远程精确打击、杀伤威力大，因此已成为现代高技术战争中的主要威胁，也成为电子对抗装备最主要的作战对象之一。对精确制导武器系统（包括精确制导武器本身以及为其提供目标信息、控制其发射的火控系统）的干扰效果是电子对抗装备战术性能的集中体现，成为评估其作战效能的主要依据。为此，在电子对抗装备的试验鉴定中，检验和评估其对精确制导武器系统的干扰效果，就成为不可缺少的重要环节。为检验电子对抗装备对精确制导武器系统的干扰效果，需要构建动态、逼真的精确制导武器系统作战过程并可反复多次重现该过程。然而，由于精确制导武器系统的复杂性以及昂贵费用，要实现这一点并不容易，因此，长期以来精确制导武器系统电子干扰效果的试验与评估一直是电子对抗试验鉴定领域的主要难题之一。

本书系统论述了精确制导武器系统电子干扰效果的试验与评估问题，是多年的工程实践经验和学术研究成果的总结，以期满足电子对抗装备论证设计、研制生产、试验鉴定、作战使用等各行业对精确制导武器系统电子干扰效果试验评估的工程实践需要，并有助于推动精确制导武器系统电子干扰效果试验评估技术的研究工作。全书共8章。第1章绪论，介绍了有关背景情况和本书的体系结构。第2章光电和雷达干扰技术，介绍了常用的针对精确制导武器系统的光电和雷达干扰技术及其干扰机理。第3章精确制导导弹，在概述导弹的基础上，重点介绍了红外、电视、激光、雷达等各类精确制导导引头的主要技术体制、工作原理和一般组成结构，并阐述了用于干扰效果试验评估的导引头模拟设备的设计原则和一般要求。第4章导弹干扰效果试验，介绍了实弹打靶法、地面模拟法、挂飞模拟法和仿真法四类导弹干扰效果试验方法，重点是通过典型应用实例阐述了开环挂飞模拟法、闭环挂飞模拟法和仿真法的具体实现和典型结果。第5章导弹干扰效果评估，在介绍电子干扰效果评估、导弹性能有关概念的基础上，分别阐述了适用于各类试验方法的导弹干扰效果评估准则。第6章引信及其干扰效果试验与评估，介绍了无线电引信、激光引信、红外引信等几类导弹常用的近炸引信，以及各类引信干扰技术及其干扰机理，阐述了引信干扰效果的试验方法和评估准则。第7章机载火控系统及其干扰效果试验与评估，介绍了机载火控系统常用的雷达、电视、微光、红外、激光等几类目标探测设备，阐述了用于干扰效果试验评估的机载火控系统目标探测模拟设备的一般要求、机载火控系统干扰效果的试验方法和评估准则。第8章末敏弹及其对抗试验与评估，介绍了末敏弹及其对抗技术，阐述了末敏弹对抗试验方法、末敏弹干扰效果评估准则、用于对抗试验的末敏弹模拟设备的设计要求，给出了试验评估典型应用实例。

本书适用于从事电子对抗装备论证设计、研制生产、试验鉴定、作战使用的工程技术人员，以及从事电子对抗技术教学、研究的相关专业师生和科研人员，也可供从事导弹、末敏弹等精确制导武器试验鉴定的工程技术人员参考。

本书的编写出版得到北京跟踪与通信技术研究所的大力支持和资助，特别是董光亮研究员给予了巨大关怀和宝贵支持，作者对此表示衷心感谢！同时也十分感谢朱天林、孙威、韩晓亚、朱顺华等同志的热忱帮助。宋小全研究员对本书编写出版立项给予了有力支持，并认真审查了全部书稿内容，特别向他表示感谢。在有关课题的研究工作中，黄惠明研究员给予了重要指导，李娟、党东妮、王泗宏、李彦东、杜会森、马岩、魏锦文、范东启、孙鹏、王松、原银忠、宁天夫、符文星、许建中、陈宇恒等人作出诸多贡献或给予重要帮助，借此机会谨表诚挚谢意。本书的出版同时得到了国防工业出版社的大力支持和陈明明、王鑫、欧阳黎明等人的热情帮助，在此一并致以衷心感谢。

本书的核心内容来自作者近年来的研究成果，其中有的试验评估方法还不尽完善，有待在实践中进一步检验和改进，所以疏漏与不当之处在所难免，恳请读者批评指正。

编著者

2018 年 4 月

目　录

CONTENTS

第1章 绪 论

从 20 世纪 70 年代以来,随着精确制导武器(Precision Guided Weapon)的普遍应用,现代战争作战样式发生了深刻变化。由于精确制导武器能够自动搜索和识别目标,实时修正武器在飞行中相对于理想弹道的偏差,具有极高的目标命中精度,因此可以采用"外科手术式"或"点穴式"的作战方式,选择敌方纵深要害目标甚至目标的要害部位,进行远程精确打击,从而发挥巨大杀伤威力。为此,精确制导武器已成为现代高技术战争中最具有威胁性的进攻武器,也成为电子对抗装备最主要的作战对象之一。

一般认为,精确制导武器是指具有精确制导系统,一次发射命中目标的概率不低于 50% 的武器。其中,精确制导系统以高性能的光电或雷达探测设备为基础,能够精确探测、识别、跟踪和测量目标,并不断地自动修正武器在飞行中相对于理想弹道的偏差,最终使武器准确命中目标。可见,精确制导武器之所以区别于非制导武器,在于飞行过程中其轨迹可以受到精确制导系统的实时控制和修正,从而能够获得极高的目标命中精度。

精确制导武器种类繁多,按照自身有无动力,可以分为精确制导导弹和精确制导弹药两大类。其中,精确制导导弹简称导弹,是指携带有战斗部,依靠自身的动力装置推进,并由精确制导系统探测、识别、跟踪、测量目标和控制武器的飞行轨迹,直至命中并摧毁目标的飞行器,是精确制导武器中种类最多、应用最广的类型。精确制导弹药与导弹的主要差别在于自身没有动力装置,需要借助炮弹、导弹、飞机等装备或平台发射、投掷到目标区附近,再在精确制导系统的导引、控制下命中目标。精确制导弹药又可分为末制导弹药(包括制导炮弹、制导炸弹等)和末敏弹药两类,其中末敏弹药又称末敏弹,主要用于对集群装甲目标实施精确打击,作战效能巨大,是精确制导弹药的典型代表。

在使用精确制导武器时,通常还需要有相应的火控系统进行配合,因此完整的精确制导武器系统包括精确制导武器本身以及为武器提供目标信息、控制武器发射的火控系统。以机载导弹系统为例,精确制导武器系统的典型作战过程简述如下:根据作战命令,飞机携带导弹向指定作战空域飞行,期间机载火控系统开始工作,其目标探测设备在一定范围内进行搜索;当探测到敏感目标后,可在飞行员(或武器操控人员)干预下进一步识别并捕获、锁定跟踪目标;目标探测设备在跟踪中不断测量目标相对于载机的方位、距离、速度等运动参数;火控系统计算机根据目标运动参数和载机实时飞行参数,完成导弹飞行任务参数解算;火控系统中的外挂管理系统向导弹装定飞行任务参数并控制发射导弹。发射后,导弹在精确制导系统的导引、控制下作制导飞行,实时自动修正导弹在飞行中相对于理想轨迹的偏差,直至接近目标。这时,弹上引信开始工作,通过探测感知目标信息,按预定条件适时发出引爆信号,控制战斗部在相对于目标最有利的位置或时机起爆,从而杀伤目标。

近几十年来,由于精确制导武器的普遍应用,大大推动了以精确制导武器系统为主要作战对象的电子对抗装备的发展,这些装备已大量配备于各类战车、舰船、飞机等作战平台上,通过向敌方来袭精确制导武器及其火控系统实施电子干扰,阻止其正常发挥作战效能,以保护平台自身以及导弹发射阵地、指挥控制中心、通信枢纽等重要目标或设施的安全。

电子对抗领域中的干扰效果(Jamming Effect),是指电子对抗装备实施电子干扰后,对被干扰对象即敌方电子信息系统(如精确制导武器系统)、电子设备或人员产生的干扰、损伤或破坏效应。干扰效果是电子对抗装备干扰能力最直观的反映。

干扰效果试验与评估(Test and Evaluation of Jamming Effect)是电子对抗装备试验鉴定的主要内容之一,一般是在电子对抗装备完成其他主要战术技术性能指标检测后,利用预定作战对象的模拟设备作为配试目标,检验并评估被试装备对主要作战对象的干扰效果。干扰效果试验与评估包括干扰效果试验和干扰效果评估两个方面。其中,干扰效果试验主要解决的问题:为客观、准确考核评价电子对抗装备对主要作战对象的干扰效果,选择合理可行的试验方法,根据试验方法的要求准备相应的配试设备和试验条件;然后按试验方法完成干扰试验,获得被试装备对配试目标干扰效果的试验结果。干扰效果评估是根据一定的评估准则,对干扰试验中产生的干扰、损伤或破坏效应进行定性或定量评价。

由于干扰效果直观反映了电子对抗装备的干扰能力,干扰效果试验与评估实质上就是对电子对抗装备干扰能力的检验和评价,它是电子对抗装备试验鉴定工作的重点和作战效能评估的主要依据。如何客观、准确考核评价电子对抗装备对主要作战对象的干扰效果,是贯穿于装备从论证设计、研制生产、试验鉴定直到作战使用全过程的重要课题,一直得到电子对抗各有关行业的广泛关注和特别重视。建立一套科学合理、简便可行、经济高效的干扰效果试验与评估方法,对于装备作战效能的准确评估以及改进提高具有重要意义。因此,干扰效果试验与评估方法历来就是电子对抗试验鉴定技术研究的重点。

对于以精确制导武器系统为主要作战对象的电子对抗装备,对精确制导武器系统的干扰效果是其战术性能的核心,成为评估其作战效能的主要依据。因此,在电子对抗装备的试验鉴定中,检验其对精确制导武器系统的干扰效果,就成为不可缺少的重要环节。为检验电子对抗装备对精确制导武器系统的干扰效果,需要构建动态、逼真的精确制导武器系统作战过程并可反复多次重现该过程。以导弹干扰效果试验为例,一般的试验方法有实弹打靶法、挂飞模拟法等。实弹打靶法通过实际发射导弹,在导弹飞行过程中被试电子对抗装备按照战术使用要求对其实施干扰,然后根据导弹的飞行弹道或目标脱靶量评估干扰效果。利用这种方法考核干扰效果固然逼真可信,但试验条件要求高、耗费代价大,只能为干扰效果的综合演示或验证目的少量应用。由于试验样本太少,难以实现对被试装备干扰效果的全面检验和可靠评估。常用的开环挂飞模拟法:首先将导引头吊挂在飞行平台上,平台按设定航线、速度自主飞行,期间导引头跟踪指定目标,模拟导弹上导引头对目标的动态跟踪过程,在此过程中被试电子对抗装备对导引头实施干扰;然后根据导引头的工作状态和测量输出数据,评估动态条件下被试装备对导引头的干扰效果。显然,这种方法只能说明被试装备对导引头的干扰效果,并不能反映由此导致的对导弹制导飞行过程的具体影响,因此也不能从根本上解决电子对抗装备对导弹干扰效果的试验与评估问题。总之,对精确制导武器系统干扰效果的试验与评估还缺乏能被相关各行业普遍认可的经济可行、准确可信的方法,因此,长期以来精确制导武器系统电子干扰效果的试验与评估一直是电子对抗试验鉴定领域的主要难题之一。

近些年来,围绕精确制导武器系统电子干扰效果的试验与评估问题,作者及其研究团队开展了一系列研究,在电子干扰效果评估准则、导弹干扰效果试验方法、末敏弹对抗试验与评估方法等方面取得了一些研究成果。本书就是在总结这些研究成果的基础上完成的。

本书以精确制导武器系统电子干扰效果的试验与评估方法为主要内容。在内容的选择上,考虑到在种类繁多的精确制导武器家族中,导弹是种类最多、使用最普遍的一类,所以本书以对导弹系统干扰效果的试验评估为重点(第3~7章)。末敏弹是精确制导弹药的典型代表,作战效能巨大,其对抗防护问题日益受到重视,所以在第8章集中阐述了末敏弹对抗试验与评估问题。在导弹武器系统攻击目标的整个作战过程中,需要先后利用火控系统、精确制导系统、引信中的光电/雷达探测设备探测、识别、跟踪、测量目标,这些设备也是导弹武器系统中最容易受到电子干扰攻击的敏感、脆弱环节,所以都是电子对抗装备的作战对象。电子对抗装备对导弹武器系统的干扰,除了主要通过对导弹精确制导系统中的光电和雷达导引头的干扰而实现以外,还可以通过对火控系统和弹上引信中的雷达、光电探测设备的干扰而实现。为此,在本书中分别针对光电和雷达导引头、无线电和光电引信、机载火控系统雷达/光电探测设备这三类作战对象，阐述导弹武器系统干扰效果的试验与评估方法。其中，第3章在概述导弹的基础上，重点介绍各类光电、雷达导引头的组成结构和工作原理，第4、5章从干扰导引头的角度阐述导弹干扰效果试验与评估方法，第6章阐述引信及其干扰效果试验与评估方法，第7章阐述机载火控系统及其干扰效果试验与评估方法。

作战对象模拟设备是干扰效果试验中最主要的配试设备。对于精确制导武器系统电子干扰效果试验来说，关键是要构建动态、逼真并可重复使用的精确制导武器系统模拟设备。鉴此，本书除了利用较大篇幅介绍了主要作战对象即各类精确制导导引头、无线电和光电近炸引信、机载火控系统雷达/光电探测设备、末敏弹的组成结构和工作原理，还基于长期以来在精确制导武器系统模拟设备论证设计工作中的实践经验，阐述了用于干扰效果试验与评估的各类导引头模拟设备、引信模拟设备、机载火控雷达/光电探测模拟设备、末敏弹模拟设备的设计原则和一般要求，以满足精确制导武器系统模拟设备设计研制的需要。

本书为国内第一部系统论述精确制导武器系统电子干扰效果试验与评估技术的学术专著。本书的主要特色之一是基于多年的学术研究成果和工程实践经验，尽可能通过典型应用实例来阐述主要的试验与评估方法，从而能涉及应用中可能遇到的诸多具体问题及其解决方法，因此对于应用实践有较强的指导作用。希望本书既能满足电子对抗装备论证设计、研制生产、试验鉴定、作战使用等各行业对精确制导武器系统电子干扰效果试验与评估的工程实践需要，也能为读者提供一本全面了解该领域的有价值的参考书，从而有助于推动电子对抗装备的发展和精确制导武器系统电子干扰效果试验与评估技术的研究工作。

第2章 光电和雷达干扰技术

针对精确制导武器系统的电子干扰手段主要是光电干扰和雷达干扰。光电干扰是指利用光电设备器材,通过辐射、散射(反射)或吸收特定波段或波长的光波能量,干扰、破坏敌方光电武器或设备的正常工作。光电干扰技术可用于对抗精确制导武器系统中的光电精确制导导引头、光电引信和机载火控系统光电探测设备。雷达干扰则是通过辐射、散射(反射)或吸收微波(或毫米波)频段的电磁波能量,干扰、破坏敌方雷达探测设备的正常工作。雷达干扰技术可用于对抗精确制导武器系统中的雷达精确制导导引头、无线电引信和机载火控雷达。本章简要介绍常用的针对精确制导武器系统的光电和雷达干扰技术及其干扰机理,包括激光角度欺骗干扰、高重频激光干扰、激光压制干扰、红外诱饵弹、红外干扰机、烟幕干扰、光电假目标、雷达有源压制干扰、雷达有源欺骗干扰、雷达无源干扰、伪装隐身技术等。

2.1 激光角度欺骗干扰

激光角度欺骗干扰设备一般在地面或各种战车上使用,用于保护高价值地面目标或战车平台,针对的干扰对象主要是对地攻击的激光半主动寻的制导武器,包括激光制导导弹、激光制导炸弹和激光制导炮弹等。激光半主动寻的制导武器在发射之前,首先要由制导站的激光目标指示器指示预定要攻击的目标,即将编码的激光制导信号照射在目标上,当激光制导武器接收到目标反射的制导信号并锁定目标后,载机发射武器。然后激光目标指示器持续不断照射目标,激光制导武器根据目标反射的制导信号找寻目标,直至最终命中目标。激光角度欺骗干扰设备在使用时,一般布设在被保护目标附近,以确保在敌方激光目标指示器照射目标时可以截获激光制导信号,然后通过分析识别制导信号,发射与之特征相同的激光信号,照射到预先设置在目标周围的假目标上,假目标反射的激光干扰信号如果进入来袭激光制导武器导引头的视场并被接收,则可能引诱武器去攻击假目标,从而保护目标免受攻击。

激光角度欺骗干扰设备一般由激光告警、信息识别与控制、激光干扰机和漫反射假目标等功能单元组成,如图2.1所示。其中,激光告警单元用于截获来袭

5

激光制导武器目标指示器发射的制导信号;信息识别与控制单元对截获信号进行处理分析和识别,获得制导信号的脉冲重复频率、编码方式、到达时间等信息,形成相应的控制信号;激光干扰机在信息识别与控制单元的控制下,发射与制导信号特征相同的激光信号;漫反射假目标用于反射来自激光干扰机的激光照射信号,在较大的角度范围内形成激光干扰信号。由于激光干扰信号的波长、重频、码型等特征与制导信号相同,如果进入来袭激光制导武器导引头的视场,且脉冲到达时间在导引头的时间选通波门内,则可能被导引头探测并认为是目标反射的制导信号,激光制导武器从而被引诱飞向假目标方向而偏离被保护目标。

图 2.1　激光角度欺骗干扰设备一般组成

　　为了保证在复杂的战场环境中,激光制导武器能够正确识别出己方激光目标指示器所指示的目标,并能有效对抗来自敌方的干扰,目前在激光半主动寻的制导中普遍采用了激光制导信号编码和设置时间选通波门的抗干扰技术。导引头不仅通过编码识别制导信号,而且通过设置时间选通波门控制可接收探测的信号,即只有在己方制导信号到达时才开启波门,在波门关闭期间不接收任何信号。因此,能否实现角度欺骗干扰的关键在于激光干扰信号能否被导引头接收并当作目标信号处理。显然,激光干扰信号必须在波门开启时间内进入导引头信号处理系统。这就要求在截获制导信号后,激光角度欺骗干扰设备能快速识别出制导信号的有关特征参数,以某一时刻的来袭制导信号脉冲为同步点,预测下一个制导信号脉冲的到来时刻,并略微超前该时刻,由激光干扰机向漫反射假目标发射与制导信号特征相同的激光干扰脉冲信号,这样的干扰脉冲就能先于制导信号脉冲进入导引头的选通波门。只要超前时间合适,导引头在接收到干扰脉冲后,便无法接收滞后的制导信号了。

　　在实施激光角度欺骗干扰时,漫反射假目标可以是对激光具有高反射率的漫反射板,也可以是自然地物。假目标与激光干扰机之间应保持通视。假目标的布设既要保证由其反射的激光干扰信号能够进入来袭激光制导武器导引头的视场,又要确保能够将来袭武器引偏到距离被保护目标足够远的安全区域。通过调整假目标的布设位置,可在一定范围内改变诱偏角度。实施激光角度欺骗干扰一般要同时结合隐身被保护目标,才会有比较好的干扰效果。

国外典型的激光角度欺骗干扰装备有英国的 405 型激光诱饵系统等。405 型激光诱饵系统主要用于装甲战车平台的防护,由光纤耦合激光告警器、信号处理器、瞄准系统、小型固体激光发射机等组成。工作时,诱饵系统检测并分析照射在目标上的激光束,然后按该激光束的特性进行复制并用复制激光束照射诱饵目标,诱使激光制导武器射向诱饵目标。

2.2　高重频激光干扰

高重频激光干扰是指利用脉冲重复频率达 $10^3 \sim 10^6\,\mathrm{Hz}$ 的激光脉冲信号对激光探测设备实施的欺骗式干扰。高重频激光干扰是一种具有良好应用前景的干扰手段,可用于干扰激光制导武器导引头、单体的或火控系统中的激光测距机、各类导弹上的激光近炸引信等。由于对不同对象的干扰机理有所不同,这里按照干扰对象分别介绍相应的干扰机理。

1. 激光制导武器导引头

如上所述,在激光半主动寻的制导中普遍采用了激光制导信号编码和设置时间选通波门的抗干扰技术,所以高重频激光要对激光导引头形成有效干扰的首要条件是干扰脉冲能进入导引头的时间选通波门。由于激光目标指示器发射激光脉冲重复频率的抖动、导引头与目标之间距离变化时制导信号延时的差异、激光目标指示器与导引头的时基不完全一致等原因,导引头时间选通波门的宽度 τ 不可能太小,一般为数十微秒到数百微秒。如果高重频激光干扰信号的脉冲重复频率 $f \geqslant 1/\tau$,达到 $10^3 \sim 10^4\,\mathrm{Hz}$ 量级以上,则导引头的每个波门内都会有干扰脉冲进入。图 2.2 所示为高重频激光干扰脉冲进入导引头波门的过程,其中 A 为时间选通波门,B 为激光制导信号,C 为高重频激光干扰信号,D 为被波门选通的信号。

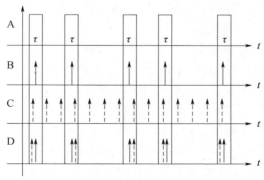

图 2.2　高重频激光干扰脉冲进入导引头波门的过程

当干扰脉冲进入导引头波门后,如图2.2所示,在波门中一般会同时出现制导信号脉冲和若干干扰脉冲。如果干扰脉冲的峰值功率达到甚至超过制导信号峰值功率时,导引头将无法区分制导信号和干扰信号。由于激光导引头通常采用首脉冲锁定技术,即只对进入波门的第一个脉冲进行处理,如果干扰脉冲在制导信号之前进入波门,导引头会将干扰脉冲当作目标信号来处理,从而转去跟踪高重频激光干扰源。如果在导引头视场中,干扰源和被保护目标有一定的角度偏差,则干扰源便对导弹形成诱偏干扰。实际上,正如图2.2所示,在导引头的各个选通波门内,制导信号和干扰脉冲都可能成为首脉冲。这种情况下,导引头的跟踪对象便会在目标和干扰源之间摇摆,因为跟踪对象随波门快速变化,表现出的干扰效果可能是导引头信号处理出现混乱,无法正常输出目标角误差信号,所以始终处于目标搜索状态,无法完成制导。因此,高重频激光信号对激光制导武器的干扰效果既可能是诱偏,也可能使导引头无法锁定目标而始终处于搜索状态。研究表明,高重频激光干扰效果与干扰激光脉冲重复频率和峰值功率、导引头选通波门宽度、制导信号编码方式等因素有关。

高重频激光干扰设备在使用方式上可以有两种:一种是将干扰设备布设在被保护目标上或其附近一定距离范围内(确保在被干扰激光导引头的视场内),直接瞄准激光导引头,发射高重频激光信号进行照射;另一种是像激光角度欺骗干扰方式一样,由干扰设备发射高重频激光信号,照射在被保护目标附近的高反射率假目标上,再由假目标反射进入导引头视场。由于高重频激光干扰信号脉冲重复频率都在千赫量级以上,目前这类激光器的脉冲峰值功率还达不到反射后能有效干扰激光导引头的水平,因此一般只能通过直瞄方式实施干扰。采用直瞄方式实施高重频激光干扰时,通常需要有相应的告警设备、跟踪瞄准设备引导干扰设备。与激光角度欺骗干扰不同,实施高重频激光干扰时,无需知道来袭激光制导信号的脉冲重复频率、码型等特征参数,所以对告警设备信息处理的要求不高。当侦测到来袭激光制导武器后,由引导设备引导干扰设备对准目标,即可发射高重频激光脉冲信号进行干扰。

实际使用时,可将多台高重频激光干扰设备按一定空间关系布设在被保护目标附近,并以一定时序关系协同工作,形成所谓多干扰源工作方式。采用多源方式进行干扰时,各干扰设备发射的干扰脉冲和目标反射的制导信号以随机方式交替成为首脉冲,要攻击的对象不断变化,可使导引头对目标的判断发生混乱,这样不仅可以保护目标,也有助于保护干扰设备不受来袭武器攻击。

目前由于只有 $1.06\,\mu m$ 波长的激光制导武器得到实际应用,因此针对激光制导武器的高重频激光干扰设备的工作波长也为 $1.06\,\mu m$,多采用声光调 Q 开关 Nd:YAG(掺钕的钇铝石榴石)激光器。

2. 激光测距机

在发射精确制导武器之前,常常要利用火控系统中的激光测距机对目标不断测距,然后将目标距离信息传送给武器操作手或火控计算机,由操作手根据距离及其他相关信息选择武器发射时机,或者由火控计算机根据距离及其他相关参数计算射击诸元。因此,准确的目标距离信息是正确选择发射时机和发射参数,保证武器射击精度和命中概率的必要条件。

高重频激光是激光测距机的主要干扰手段之一。常用的脉冲激光测距机是通过测量激光发射脉冲与目标反射的激光回波脉冲之间的时间间隔来测距的,而时间间隔由计时电子门电路来测量。为了避免近场大气对激光的后向散射或虚假目标对激光的反射而引起的测距错误,常常在激光测距机接收系统中设置一个距离选通波门,即回波可能被接收的时间窗口,由此保证只有距测距机一定距离以外目标的反射回波被接收和处理。对激光测距机实施高重频激光干扰,就是使高重频激光脉冲能够在测距机距离选通波门限定的时间内,先于目标反射的激光测距回波信号进入测距机接收系统,导致测距机将干扰脉冲误判为目标回波信号,使门控电路提前输出关门脉冲信号,关闭计时电子门电路,从而使测距结果小于实际距离。因此,对于激光测距机,高重频激光干扰是一种距离欺骗干扰方式。在实际应用中,当激光测距机对目标连续测距时,由于高重频激光脉冲信号进入测距机接收系统的时机是随机的,最有可能的效果是测距机的测距结果随机变化,没有确定数值,从而使敌方无法确定武器发射时机和发射参数,有可能丧失攻击目标的最佳时机。

为使激光测距机无论何时测距,都会在计时电子门电路开放期间接收到干扰脉冲信号,干扰激光脉冲重复频率应满足 $f \geq c/2R$(c 为光速,R 为目标距离)。根据一般激光测距机的测距范围(5~15km),干扰激光脉冲重复频率需要达到 10^4Hz 量级。而对于采用了自适应波门抗干扰技术的激光测距机,情况又有所不同。这类测距机的工作过程通常包括两个阶段:搜索阶段和跟踪阶段。开始时,测距机工作于搜索阶段,接收系统不设跟踪波门或波门很宽,在经过若干次测距获得可靠的目标距离后,根据目标距离设置很窄的波门,进入跟踪阶段。在跟踪阶段,干扰激光脉冲重复频率由跟踪波门所限定,应满足 $f \geq 1/\tau$(τ 为跟踪波门宽度)。设测距机跟踪波门为 $1\mu s$,则要求干扰激光脉冲重复频率达到 10^6Hz。

在用于对抗激光测距机时,高重频激光干扰设备通常应在告警设备和跟踪瞄准设备的配合下工作,同时干扰信号应有足够的峰值功率以达到测距机的响应阈值。在使用时,应保证高重频激光干扰设备发射的干扰激光能进入威胁目标测距机的视场,为此设备一般应布设在被保护目标上,在告警设备和跟踪瞄准设备的引导下,对准目标测距机连续发射高重频激光脉冲信号,使测距机不管在何时开机都会收到干扰脉冲信号。

3. 激光引信

高重频激光采用距离欺骗方式干扰激光引信,可用于干扰距离选通型激光引信。

当带有距离选通型激光引信的导弹接近目标时,激光引信发射激光脉冲信号,照射到目标上发生反射,反射的激光回波被引信接收系统接收、变换和放大后,输出电脉冲信号至选通器。选通器在距离选通门脉冲信号的控制下开关,可以使预定距离范围内的目标回波所产生的电脉冲信号通过而到达引信点火电路,而在此距离范围之外的目标回波所产生的电脉冲信号不能通过,从而可实现在距目标预定距离范围内引爆导弹战斗部。

为有效对抗激光引信,高重频激光干扰设备需要有相应的告警单元、信息处理识别与干扰控制单元、高重频激光干扰机等。当装有激光引信的导弹进入被保护目标的警戒区域时,首先由告警单元探测激光引信信号,再由信息处理识别与干扰控制单元对威胁目标方位、引信信号特征、引信工作视场、引信信号选通系统工作方式等进行识别,并生成干扰触发控制信号,控制高重频激光干扰机对准来袭威胁目标发射波长与引信工作波长相同的高重频激光脉冲信号。在导弹距被保护目标较远时,由于引信距离选通门的限制,目标反射的回波信号不会产生引爆信号,但干扰机发射的激光脉冲信号由于重频很高,容易进入激光引信接收系统的距离选通门,使引信误判为目标回波信号,从而形成距离欺骗,导致引信提前输出引爆信号而使导弹战斗部早炸,达到保护目标的目的。

2.3 激光压制干扰

激光压制干扰也称激光致盲干扰或激光攻击,是利用一定波长的强激光对光电武器、设备或作战人员等目标进行照射,使光电武器、设备的光电探测器饱和、致盲、损毁或其他敏感元件损伤,或使人眼致眩、致盲。当激光强度足够高时,也可直接摧毁目标。激光压制干扰所用激光强度一般要比欺骗式干扰高得多,由于激光束方向性极好,光束发散角通常只有几十微弧度,可将强激光束精确对准目标方向,而且响应速度极快,一经瞄准目标,发射即中,几乎不需耗时,因而也不需要设置提前量,对于快速运动目标是一种非常有效的干扰手段。激光压制干扰可用于对抗精确制导武器系统作战过程中的各个环节,包括火控系统光电探测设备、各类精确制导武器的光电导引头和光电引信、武器系统操控人员的眼睛等。

强激光对光电武器、设备的干扰主要是通过对其中的光电探测器或其他光学元件的作用而实现的。光电探测器材料的光吸收能力一般来说都很强,吸收系数可达 $10^3 \sim 10^5 \mathrm{cm}^{-1}$,处于工作波段内的激光照射在探测器上时大部分被吸收。光电探测器在吸收强激光后产生的光学、热学和力学效应可能会使探测器材料的性能和状态发生改变,轻则导致探测器响应率、信噪比下降,或失去响应光辐射的能力,重则造成探测器材料熔融、汽化、碳化、热分解、破裂或光学击穿等不可逆的破坏效果。有时,强激光也可造成光电探测器前置放大电路因过流而饱和或烧断。激光对光电探测器的干扰、损伤效果取决于激光波长、工作体制(连续波或脉冲)、照射时间、脉冲重复频率、脉冲宽度、能量密度(或功率密度)等因素。对不同类型的光电探测器,如光导型探测器、光伏型探测器、热释电探测器等,或单元探测器、成像探测器等,干扰、损伤机理以及表现出的干扰、损伤效果也不同。

以可见光和近红外波段 CCD 成像探测器为例,随强激光照射能量密度(或功率密度)由小到大变化,可出现饱和、致眩、致盲等不同等级的干扰、损伤效果。其中,饱和效应可以在激光照射停止后立刻消失,探测器恢复正常成像能力;致眩是指在强激光照射下失去成像能力,激光照射停止一段时间后可逐渐恢复成像能力;致盲是对探测器造成永久性损伤,使之彻底失去光信号响应和成像能力。仅对饱和干扰,因照射激光强度不同,又有不同程度的干扰效果。一般地,随着照射激光强度逐渐增大,图像上先是出现饱和亮斑,接着亮斑沿着 CCD 内电荷传输方向扩展形成饱和亮线,亮线逐渐伸长直至贯穿视场,然后亮线在垂直于电荷传输方向逐渐加宽变成饱和亮带,亮带继续扩展直至覆盖全视场。如图 2.3 所示为 $1.06\mu\mathrm{m}$ 波长连续激光照射 CCD 成像系统产生的典型饱和干扰效果,从图(a)至图(d)照射激光功率密度逐渐增大,图像中出现的饱和串扰亮线由细变粗,到充满整个视场,最后则变为黑白相间的雪花点,达到所谓过饱和状态。

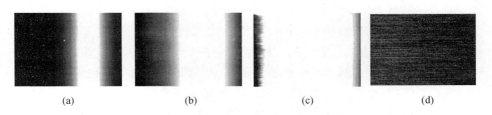

(a)　　　　　　(b)　　　　　　(c)　　　　　　(d)

图 2.3　$1.06\mu\mathrm{m}$ 波长连续激光对 CCD 成像系统的饱和干扰效果

除了光电探测器,光电武器、设备中的其他光学元件在照射激光足够强时也可能被损伤。例如,有的镀膜光学元件在吸收强激光后,因温度升高,导致元件表面膜系被损伤,还有的以光学玻璃为基底的元件在强激光照射下,因瞬间强热应力,可能导致基底材料发生龟裂,出现磨砂效应而变得不透明。

激光对人眼的干扰、损伤主要是通过视网膜、角膜等眼睛组织在激光作用下的光化学和热化学效应,导致眼睛对视觉对比度的敏感性下降、丧失感光能力、局部烧伤或凝固变性、穿孔出血等效果,从而导致眼睛致眩、闪光盲、损伤乃至完全失明。

根据用途和作战目标的不同,激光压制干扰设备可以由单兵便携或机动车载使用,也可以装在装甲战车、舰船、飞机等各种作战平台上使用,用于主动攻击或保护地面高价值目标、作战部队或作战平台本身,作用距离从几千米到十几千米。

激光压制干扰设备的组成因用途和装载平台而异。图 2.4 所示为以机载精确制导武器系统为主要作战对象的车载激光压制干扰设备的一般组成,包括侦察告警单元、跟踪瞄准单元、激光发射单元、高能(或大功率)激光器、指挥控制单元等部分。

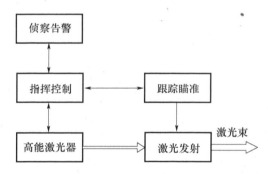

图 2.4　车载激光压制干扰设备的一般组成

侦察告警单元多采用红外告警设备或激光告警设备,通过扫描搜索,探测来袭威胁目标的红外辐射或发射的激光制导、测距信号,从而发现、识别目标并定向。有时也采用主动激光探测设备,利用所谓"猫眼"效应,通过发射激光束并探测目标反射的回波信号来发现、识别目标并进行精确定向。跟踪瞄准单元在侦察告警单元、指挥控制单元的引导下捕获、跟踪和测量目标,一般由伺服转台、电视跟踪器、红外成像跟踪器、激光测距机等部分组成,其中电视跟踪器用于白天,红外成像跟踪器则可昼夜两用。激光发射单元是用于对高能激光器发射的激光束进行扩束、准直和聚焦的光学系统,目的是使激光能量有效传输、照射在远场目标上。为消除大气湍流等因素对强激光传输的影响,提高激光传输效率,有时采用自适应光学技术,通过实时校正发射激光束波前,使激光束能较好地聚焦在远场目标上。高能激光器是激光压制干扰设备的核心,用于产生要求波长的高能量(或大功率)连续波或脉冲激光。目前,常用的高能激光器有 Nd:YAG 激光器、CO_2 激光器、DF(氟化氘)化学激光器等。Nd:YAG 激光器波长为 1.06 μm,经倍频后产生波长为 0.53 μm 的激光,可用于对抗电视制导武器、激光制导武器、火控系统中的可见光探测设备和激光探测设备。CO_2 激光器波长在 9 ~ 11 μm 范围内,经倍频后产生波长在 5 μm 附近的激光,可用于对抗长波红外、中波红外制导武器和火控系统红外探测设备。DF 化学激光器波长在 3.8 μm 附近,可用于对抗中波红外波段的制导武器和探测设备。指挥控制单元是干扰设备的指挥控制中枢,根据外部系统送来的空情和侦察告警单元的目标侦察告警结果,进行目标分选、威胁等级判别和作战辅助决策,引导跟踪瞄准单元捕获并锁定跟踪目标,控制高能激光器发射激光束实施干扰。

激光压制干扰技术应用十分普遍,典型装备有美国的 AN/VLQ – 7 车载作战防护系统、德国的 HELEX 高能激光防空装甲车等。AN/VLQ – 7 车载作战防护系统也称"魟鱼"(Stingray)车载激光武器系统,安装在布雷德利战车上,主要用于对抗坦克或装甲战车火控系统光电探测设备,以提高战车的战场生存能力。该系统采用主动激光探测设备,通过激光束扫描搜索,发现、识别和定位威胁目标,先后采用了两种高能激光器:一种是连续波 CO_2 激光器,波长范围 9.6 ~ 10.6 μm,输出功率大于 1 kW,经倍频后产生波长为 4.8 ~ 5.3 μm 的激光;另一种是板条 Nd:YAG 脉冲激光器,输出单脉冲能量大于 0.1 J,经倍频后输出 0.53 μm 波长激光,可干扰、致盲 8 km 远的光电火控系统和更远距离的人眼。HELEX 高能激光防空装甲车也称 MBB 防空激光干扰系统,用于对抗低空飞行的飞机和导弹,它以"豹"Ⅱ坦克底盘做车体,高能激光器采用气动 CO_2 激光器,工作波长为 9.3 μm 或 10.6 μm,平均输出功率达兆瓦量级,激光发射系统和跟踪瞄准系统采用共孔径设计,共用直径为 1 m 的凹面主反射镜,装在可升降平台上,并应用了自适应光学技术消除大气湍流影响,作用距离可达 10 km 以上。

2.4 红外诱饵弹

红外诱饵弹也称红外干扰弹或曳光弹,是应用最多的一种红外有源欺骗式干扰器材,多装备于飞机、舰船等作战平台上,用于平台自卫。红外诱饵弹在被发射点燃后可产生与被保护平台辐射特性相似的强红外辐射,形成红外假目标,可对红外制导导弹,特别是将目标作为点辐射源、通过探测目标总辐射量来寻的的红外点源制导导弹产生诱骗作用。

传统上,红外诱饵弹的干扰机理主要有两种:一是质心式干扰。红外点源制导导弹的导引头将目标作为点辐射源探测,一般不具有根据几何形状等特征识别目标的能力。当燃烧中的诱饵与被保护平台(目标)同时出现在导引头视场内时,导引头将跟踪两者的等效辐射中心。由于诱饵的辐射强度通常远大于目标,因此等效辐射中心偏向于诱饵,导引头的跟踪点将偏向于诱饵。这样,随着诱饵和平台在运动中逐渐分离,导弹逐渐偏向诱饵一边。当目标离开导引头视场后,导弹便转向跟踪诱饵,从而脱离被保护平台。二是冲淡式或分散式干扰。当被保护平台尚未被红外制导导弹跟踪时便投放若干诱饵弹,在导引头视场中同时出现目标和多个诱饵时,导引头将可能无法确定需要跟踪的真正目标。

红外诱饵弹一般由弹壳、抛射管、活塞、药柱、安全点火装置等部分组成。其中,弹壳起发射管的作用,并在发射前对诱饵弹提供环境保护;抛射管内装有火药,由电点火具引爆,产生燃气压力以抛射药柱;活塞用来密封火药气体,防止药柱被过早点燃;药柱由燃烧剂、氧化剂、黏合剂等混合并经模具压制成形,通过燃烧将化学能转变为辐射能,燃烧温度多在 2000K 以上;安全点火装置用于适时点燃药柱,并确保其不在膛内被点燃。

使用时,红外诱饵弹由专门的投放系统投放,一般工作过程为:当投放系统给出规定电流时,诱饵弹的电点火具引爆抛射管内火药,产生的燃气压力将药柱和安全点火装置以要求的初速度射出,在离开弹壳的瞬间,安全点火装置解除保险,点燃药柱,药柱在空气中燃烧产生高温火焰,在规定光谱波段范围内形成强红外辐射。

红外诱饵弹的关键性能指标是辐射光谱范围、燃烧持续时间、辐射强度、上升时间等。诱饵弹在发射点燃后应具有与被保护平台相似的光谱辐射特征,机载弹的辐射光谱范围为 $1\sim5\mu m$,舰载弹为 $3\sim5\mu m$ 或 $8\sim14\mu m$。诱饵弹的燃烧持续时间应大于被保护平台摆脱红外制导导弹跟踪所需要的时间,机载弹的燃烧持续时间一般为数秒,舰载弹一般是数十秒。诱饵弹燃烧时达到的额定辐射强度一般为被保护平台辐射强度的 $2\sim3$ 倍。通常要求诱饵弹从药柱点燃到辐射强度达到额定值所需的上升时间小于诱饵与被保护平台同时存在于导引头视场内的时间,机载弹的上升时间一般为零点几秒。

由于红外成像制导导弹基于红外热图像来探测目标,具有根据几何形状等特征识别目标的能力,传统的红外诱饵弹很容易被成像导引头识别,因此难以对红外成像制导导弹实现有效干扰。为此,出现了能够产生大面积红外干扰云的红外诱饵弹,这种诱饵弹可以通过两种机理实施干扰:一种是通过在红外成像制导导弹和被保护平台之间施放大片红外干扰云,用以覆盖目标及其背景,使导弹无法检测和识别目标,其干扰机理类似于红外烟幕;另一种是利用红外干扰云模拟目标轮廓而形成假目标,以引诱红外成像制导导弹攻击。

红外诱饵弹应用普遍,装备量很大。国外典型装备有美国的 MJU‒47B 机载红外诱饵弹、德国的 DM19"巨人"(Giant)舰载红外诱饵弹等。MJU‒47B 机载红外诱饵弹采用改进的 MAGTEF 颗粒(镁与聚四氟乙烯的混合物)作为烟火材料,这种材料既能产生诱使敌方红外导弹脱离飞机的红外辐射,也能起推进剂的作用,使燃烧中的诱饵跟随飞机飞行而不会迅速下落。MJU‒47B 诱饵弹的尺寸为 50mm×62.5mm×200mm,可用标准的机载投放系统如 AN/ALE‒47 干扰物投放系统投放。DM19"巨人"舰载红外诱饵弹采用子母弹结构,母弹口径 130mm,可将 5 枚子弹按设定时间间隔发射到空中不同位置上。子弹装有 3 种成分的烟火剂,在空中爆炸燃烧时,可产生热烟(8~14μm 波段)、放热微粒(3~5μm 波段)和气体(4.1~4.5μm 波段)的混合物,形成一定形状的多光谱红外辐射烟云,能逼真模拟舰船的红外辐射特征,能有效诱骗红外成像制导导弹脱离目标舰船。

2.5　红外干扰机

传统的红外干扰机也是一种红外有源欺骗式干扰器材,通过发射经过特殊调制的红外辐射,使敌方红外点源制导导弹导引头产生错误跟踪信号,进而使导弹脱靶。红外干扰机主要装备于各种作战飞机平台上,常与告警设备和其他设备一起构成平台自卫系统。与红外诱饵弹相比,红外干扰机有以下优点:①干扰机与被保护平台始终为一体,两者具有相同运动特性,使得敌方导弹无法从速度和运动轨迹上将目标和干扰区分开;②在平台能够提供电能或燃料的前提下可以长时间连续工作,可弥补诱饵弹寿命短、载机装弹量有限的不足;③可重复使用、效费比高,并且体积小、重量轻、适应性强。

红外干扰机是利用红外点源制导导弹导引头的工作原理而采取的针对性干扰措施,其干扰机理与点源导引头的目标探测体制密切相关。为了获得目标相对于导引头光轴的方位信息,在各类点源导引头中,都有辐射调制系统,用于对接收到的连续红外辐射进行调制,使其转变为含有目标方位信息的脉冲信号。该信号经导引头信号处理系统放大、处理后,可得到目标相对于导引头光轴的角误差,以此控制导引头光轴跟踪目标。为了干扰红外点源制导导弹,通常是根据被干扰对象导引头的辐射调制特性,对红外干扰机发射的红外辐射进行相应调制。当红外干扰信号与被保护平台本身的红外辐射叠加在一起被点源导引头接收后,会被导引头的辐射调制系统再调制。研究表明,在红外干扰信号调制频率接近于导引头调制频率的条件下,经导引头信号处理系统处理后有可能产生虚假不定的目标跟踪信号,致使导引头丢失目标。干扰效果与干扰机的干扰样式

（包括调制频率、波形等）、辐射强度以及被干扰点源导引头的辐射调制方式等因素有关。为取得有效干扰效果，必须根据被干扰对象导引头的辐射调制特性选择合适的干扰样式，并达到一定的辐射强度。

红外干扰机主要由红外辐射源、调制系统等部分组成，红外辐射源用于产生所需波段的红外辐射，调制系统用于将红外辐射调制为所需的干扰样式。传统的红外干扰机采用非相干红外辐射源，主要是电加热或燃油加热的红外辐射元件如陶瓷、石墨等，或气体放电光源如铯灯、氙灯等，辐射波段为 $1 \sim 3\mu m$ 或 $3 \sim 5\mu m$。调制方式有机械调制和电调制两种。热光源本身的红外辐射是连续的，均采用机械调制，利用可以断续透光的斩波器将连续红外辐射变为脉冲辐射。气体放电光源通常采用电调制，利用高压脉冲电源驱动，直接输出脉冲红外辐射。这种调制方式可通过控制电源改变脉冲重频和脉宽，灵活选择干扰样式。

传统的红外干扰机产生的红外辐射多是全向的，所以干扰效率较低，作用距离有限。为了提高干扰效率和增大作用距离，出现了定向红外干扰机。定向红外干扰机采用窄波束的强红外辐射，使用时需要利用侦察告警设备或跟踪瞄准设备引导到来袭导弹方向上，由于干扰信号集中，到达导引头上的红外辐射能量密度大，即使干扰样式不匹配，也能产生较好的干扰效果。定向红外干扰机的实现有两种途径：一种是采用非相干光源（以电调制强光灯为主）作为辐射源，利用抛物面反射镜将其红外辐射压缩成窄波束；另一种是采用红外波段的激光作为辐射源。大功率定向红外干扰机发射的红外辐射由于波束很窄、强度极高，可使导引头的探测器饱和、致盲甚至损毁，实际上成为一种压制式干扰，不仅可以对抗红外点源制导导弹，对红外成像制导导弹也是有效的。

红外干扰机的关键性能指标是辐射波段、辐射强度、干扰空域范围、干扰样式等。干扰机的辐射波段应与被保护平台的辐射波段相同或相近，一般为 $1 \sim 3\mu m$ 或 $3 \sim 5\mu m$。干扰机的辐射强度是影响干扰效果的一个主要因素，一般要求干扰机的辐射强度为被保护目标辐射强度的数倍。如上所述，传统干扰机产生的红外辐射是全向的，因此干扰空域范围也是全向的，这样可以实现全方位作战。但为了提高干扰效率和增大作用距离，有时将干扰空域限制在一定范围内，如方位 $0° \sim 360°$，俯仰 $-30° \sim 30°$。干扰机的干扰样式是决定干扰效果的关键因素。对于不同的作战对象，所需的干扰样式也不同，所以必须根据被干扰对象导引头的辐射调制特性选择相应的干扰样式。为了对抗多种不同的作战对象，要求干扰机能产生多种干扰样式。干扰机所能产生干扰样式的种类，决定了其能够对抗的导弹种类。

典型的红外干扰机装备有美国的 AN/ALQ – 144、AN/ALQ – 157 红外干扰机和美、英合作的 AN/AAQ – 24（V）"复仇女神"（Nemesis）定向红外对抗系统等。AN/ALQ - 144 红外干扰机主要装备于各种直升机上,采用机械调制的电加热圆柱形陶瓷或石墨红外辐射源,安装在发动机排气管附近,可逼真模拟发动机排气的光谱分布特性,能有效干扰 6 种从各方向来袭的空空、地空红外制导导弹。AN/ALQ - 157 红外干扰机采用电调制铯灯辐射源,有 5 种干扰样式可选,利用两部发射机实现全向干扰,可用于保护运输机和大型直升机。AN/AAQ - 24(V)"复仇女神"定向红外对抗系统是一个集导弹告警、红外跟踪和定向干扰为一体的综合对抗系统,装备于运输机、特种作战飞机、直升机等。在导弹告警单元告警时,由红外跟踪单元锁定跟踪来袭导弹,然后由干扰机瞄准其发射高强度红外光束。红外辐射源早期采用氙弧光灯,可干扰工作于短波红外波段的红外制导导弹,后来改用 9.6μm 波长的 CO_2 激光器,经倍频输出 4.8μm 波长的激光,用于干扰中波红外波段的红外制导导弹。

2.6　烟幕干扰

烟幕由空气中悬浮的大量细小物质微粒,即所谓气溶胶微粒组成。气溶胶微粒分为固体、液体和混合体等几种。烟幕干扰是通过在空气中施放大量气溶胶微粒,利用它们对电磁波(包括可见光辐射、红外辐射、微波辐射、激光信号等)的散射、吸收、反射或辐射,改变电磁波的介质传输特性,掩盖、遮蔽被保护目标或形成假目标,干扰敌方各波段目标探测设备和精确制导武器对目标的探测、识别和跟踪。烟幕干扰是应用最广泛的无源干扰手段之一,多使用在地面和各种战车、舰船、飞机等作战平台上,用于重要地面目标的防护、部队行动的掩护和支援、作战平台的自卫等目的。

烟幕干扰机理主要有以下几种:①构成烟幕的气溶胶微粒具有电偶极矩,会与入射的电磁波发生电磁相互作用,引起电磁波的散射和吸收,改变电磁波原来的传输特性,从而使电磁波强度沿原传输方向不断衰减。衰减程度取决于气溶胶微粒组分、尺寸、浓度和入射电磁波波长等因素。另外,构成烟幕气溶胶微粒的各种原子、分子存在大量的电子能级、振动能级和转动能级,当包含有相应谐振频率的电磁波入射时,这些原子、分子产生共振,吸收电磁波能量由低能级跃迁到高能级,从而发生对入射电磁波的选择性吸收。此外,对于含有大量自由电子的良导体发烟材料,在入射电磁波的激发下会引起自由电子运动状态的变化,表现出对入射电磁波的连续吸收和较强的反射,也导致电磁波强度在原传输方向上的不断衰减。在这些衰减机制作用下,目标探测设备或精确制导武器导引头如果接收不到足够的来自目标的电磁波信号,就会无法探测、识别目标。②在可见光波段,除了上述因衰减导致探测不到足够的目标光辐射以外,烟幕气溶胶微粒对光辐射(包括来自目标的光辐射、太阳光以及周围物体反射的可见光)的散射还可使烟幕本身的亮度增大,这可能降低烟幕之后目标与背景之间的视觉对比度,使可见光探测设备和电视导引头难以从背景中提取目标,有时则因烟幕太亮而直接被当作目标而跟踪。③有的烟幕是由燃烧反应生成的大量高温气溶胶微粒组成,这种高温气溶胶会产生很强的红外辐射,可以显著改变所观察目标、背景固有的红外辐射特性,降低目标与背景之间的对比度,使目标难以辨识,甚至根本看不到目标。这种烟幕主要用于对抗红外探测设备和红外成像制导导弹。④有的烟幕可以反射特定波长的激光,起到假目标的作用,有可能引诱激光制导武器在烟幕前引爆。

烟幕种类繁多,一般可按干扰波段、发烟材料、施放形成方式等分类。从干扰波段上,烟幕可分为可见光/近红外常规烟幕、红外烟幕、毫米波/微波烟幕以及多频谱、宽频谱和全频谱烟幕等。烟幕按发烟剂形态可分为固态和液态两类。典型的固态发烟剂有 HC 发烟剂(一般为六氯乙烷 – 氧化锌 – 铝粉混合物)、WP(白磷)发烟剂、PWP(塑化白磷)发烟剂、黄磷发烟剂、赤磷发烟剂等,液态发烟剂有高沸点石油、含金属的高分子聚合物、含金属粉的挥发性雾油、FS 发烟剂(三氧化硫 – 氯磺酸混合物)等。烟幕按材料类型也可分为两类:一是反应型材料,通过发烟剂各组分发生化学反应产生大量液体或固体微粒来形成烟幕;二是撒布型材料,包括绝缘材料和导电材料,利用爆炸或其他方式形成高压气体来抛撒物质微粒以形成烟幕。从施放形成方式上,烟幕可分为升华型、蒸发型、爆炸型、喷洒型等几类。升华型发烟过程是利用发烟剂中可燃物质的燃烧反应,放出大量热能,将发烟剂中的成烟物质升华,在大气中冷凝成烟。蒸发型发烟过程是将发烟剂经喷嘴雾化,再送至加热器使其受热蒸发,形成过饱和蒸气,排至大气中冷凝成雾。爆炸型发烟过程是利用炸药爆炸产生的高温高压气体,将发烟剂分散到大气中,进而燃烧反应成烟或直接形成气溶胶。喷洒型发烟过程是直接加压于发烟剂,使其通过喷嘴雾化,吸收大气中的水蒸气成雾或直接形成气溶胶。

烟幕施放器材主要有以下几类:①发烟弹药,包括发烟炮弹、发烟火箭弹、发烟手榴弹、发烟枪榴弹、航空发烟炸弹等;②发烟罐、发烟筒等小型发烟器材;③适用于在地面布撒大面积烟幕的发烟机、发烟车等发烟设备;④航空发烟器等。

烟幕干扰作为一种高效廉价的多波段无源干扰手段一直受到各国重视,烟幕材料及其施放器材不断发展,可产生数十米到数万米宽的烟幕,形成时间最短不到 2s,持续时间从数十秒到数十分钟,依发烟剂的不同,可实现从可见光到热红外、毫米波乃至微波等各个波段的有效干扰。典型的烟幕干扰装备有美国的 M76 型 66mm 发烟弹、M259 型 70mm 发烟火箭弹、M3A3 型油雾发烟机和英国的

L8 系列发烟弹等。M76 型 66mm 发烟弹发射后可形成持续时间约 45s、宽约 30m 的烟障,遮蔽波段从可见光到远红外。M259 型 70mm 发烟火箭弹装在直升机上,19 发连射可在 30m 外产生持续时间约 5min、宽达数千米的烟幕墙,可遮蔽中波和长波红外辐射,用于干扰红外制导导弹的跟踪。M3A3 型油雾发烟机用于产生大面积烟幕以作部队支援,24 台 M3A3 型发烟机可在 20min 内布撒形成正面 2km、纵深 3km 的可见光/近红外烟障。L8 系列 A1 型 66mm 发烟弹由 M239 发射器 6 管齐发,延迟 0.75s 后爆炸成烟,可在 2.5s 内形成长约 35m、高约 6m、持续时间约 5min 的红外烟幕。

2.7　光电假目标

光电假目标是指仿照军事目标,利用各种材料制成的假装备、假设施,如假飞机、假战车、假导弹发射装置、假火炮等,用于模拟真目标的形状、尺寸等几何特征或光反射、光辐射特性,以欺骗、引诱敌方的光电武器、设备,分散敌方注意力和消耗敌方火力,从而提高己方装备、设施的生存概率。假目标既可以看作一种无源干扰手段,也可以看作一种反侦察手段。光电假目标的对抗对象主要是各种光电探测设备和光电精确制导武器。使用时,光电假目标多布设在被保护目标附近一定距离处,布设距离既要使假目标能进入敌方光电武器、设备的视场,又要保证假目标在被攻击命中时不殃及真目标。根据需要,假目标可布设多个。

根据模拟的主要特征,光电假目标可分为形体假目标、漫反射假目标两类。

形体假目标主要模拟真目标的形状、尺寸、颜色等特征,用于对抗可见光/近红外波段的光电探测设备和电视制导武器。有的形体假目标同时还可以模拟真目标的红外辐射特性,特别是红外辐射空间分布特性,可用于对抗红外探测设备和红外制导导弹。还有的形体假目标可兼顾模拟真目标的雷达反射特性,对雷达探测设备也具有欺骗效果。形体假目标从结构形式和制造方法上,可分为薄膜充气式、膨胀泡沫塑料式、构件组装式等几类。薄膜充气式假目标通常以高强度橡胶薄膜构造整体,外表面喷涂伪装漆,经充气后成形为假目标。膨胀泡沫塑料式假目标也称为快速膨胀型假目标,其基本构件是可压缩泡沫塑料(如聚氨酯泡沫塑料)模型,解除压缩后自行膨胀成形为假目标,一般还配有热辐射源和角反射器,可模拟多波段辐射、反射特性。构件组装式假目标也称为装配式假目标,由骨架、蒙皮等构件组装而成,形状、尺寸与真目标接近,表面多采用与真目标接近的金属材料并喷涂成与真目标相同的颜色,在特征部位上可安装发热部件以模拟真目标的红外辐射特性,可模拟真目标的典型动作如雷达天线扫描、导弹竖起等,多有挂车底盘、行走装置等组件,可牵引行走。

漫反射假目标有时也称诱饵假目标,主要模拟真目标的漫反射特性,而不求形状、尺寸等几何特征与真目标相似,主要用于对抗激光制导武器。漫反射假目标主要包括利用高反射率材料制成的漫反射板、光箔条、自然地物等。漫反射板表面常用的高反射率材料有聚四氟乙烯、硫酸钡、喷涂铝、微泡喷塑等,基底常用金属材料、木质材料、纤维织品、橡胶、塑料等。漫反射板的主要优点是反射率高(在指定波段上的反射率大于60%),作用距离远。漫反射板近似为朗伯体,其散射光强与散射方向角余弦成正比,因此在不同方向上作用距离也不一样。光箔条也称为激光箔条,是表面涂覆对光波具有高反射率的涂层(多为金属)的细小薄片,可以通过炮弹、火箭弹发射布撒或由飞机抛撒,在指定空域形成一定范围的光箔条云,通过散射照射在箔条云上的激光达到干扰目的。光箔条云由于箔条分布的随机性,在各方向有较为均匀的散射光强。光箔条主要有两种使用方式:一种是将光箔条布撒在被保护目标附近的指定空域,利用激光角度欺骗干扰设备的激光干扰机发射激光跟踪照射光箔条云,形成激光漫反射假目标,可诱骗激光制导武器攻击光箔条云,从而保护目标免受攻击;另一种是将光箔条布撒在敌方激光目标指示器的照射光路上,光箔条云散射的激光回波可能将目标反射的激光回波淹没,从而导致激光制导武器丢失目标。自然地物如草地、树叶、岩石、混凝土、水面波浪等,当反射率大于30%时,都可以作为漫反射假目标使用。

2.8 雷达有源压制干扰

对于精确制导武器系统来说,雷达干扰的目的是破坏或扰乱系统中的雷达探测设备(包括机载火控雷达、雷达制导导引头和无线电引信)对目标信息的检测。雷达有源压制干扰也称雷达遮盖性干扰,是用大功率的噪声或类似噪声的射频信号压制、遮盖或淹没目标回波信号,以阻止雷达探测设备检测目标和提取目标的速度、距离和角度等信息。雷达在工作中会有各种内外噪声,雷达对目标的检测是基于一定的概率准则在噪声中进行的。一般来说,如果目标回波信号能量与噪声能量之比即信噪比超过检测阈值,则可以保证雷达以一定的虚警概率和检测概率发现目标。如果实施有源压制干扰,使强噪声进入雷达接收机,必然会降低接收机检测目标时的信噪比。根据雷达检测原理,在给定虚警概率的条件下,检测概率将随信噪比降低而降低,从而使雷达难以发现目标和测量目标参数。噪声干扰信号与雷达接收机内部热噪声类似,接收机无法消除它,因此对各频段雷达的各种工作状态都有干扰效果。

为实现有效干扰,噪声干扰信号中心频率应对准被干扰雷达工作频率,噪声干扰信号频谱应覆盖雷达接收机的频带宽度,这样在接收机接收目标回波信号时,干扰信号也同样进入接收机。根据噪声干扰信号中心频率 f_j 和频谱宽度 Δf_j 与被干扰雷达工作频率 f_r 和接收机带宽 Δf_r 的关系,压制干扰可以分为瞄准式干扰、阻塞式干扰和扫频式干扰等几种。

（1）瞄准式干扰：一般满足 $f_j \approx f_r$, $\Delta f_j \leqslant (2 \sim 5) \Delta f_r$。为实施瞄准式干扰,可以先测得雷达信号的中心频率 f_r 和谱宽 Δf_r,再将干扰信号中心频率 f_j 调谐到 f_r 处,用尽可能窄的谱宽 Δf_j 覆盖 Δf_r,这一过程称为频率引导。也可以直接利用接收到的雷达信号,经过适当的噪声调制后再转发给被干扰雷达。瞄准式干扰的主要优点是干扰信号功率集中,即进入到雷达接收机内单位频带内的干扰信号功率比较大,干扰效果好,因而是有源压制干扰的首选方式。缺点是对频率引导的要求较高,每一时刻只能干扰一部频率固定的雷达,当雷达工作频率 f_r 在脉间大范围捷变时,干扰设备必须具有实时、快速引导跟踪雷达信号频率的能力。

（2）阻塞式干扰：一般满足 $\Delta f_j > 5 \Delta f_r$, $f_r \in [f_j - \Delta f_j/2, f_j + \Delta f_j/2]$。由于阻塞式干扰信号频带较宽,故对频率引导精度要求较低,频率引导设备较简单,而且可以同时干扰 Δf_j 带内多部不同频率的雷达,也可干扰频率捷变雷达和频率分集雷达。与瞄准式干扰相比,阻塞式干扰的缺点主要是在干扰设备发射功率相同的条件下,单位频带内的干扰信号功率比较小,进入到雷达接收机内的干扰信号功率比瞄准式干扰小得多,所以干扰强度弱。

（3）扫频式干扰：扫频式干扰信号具有与瞄准式干扰信号带宽相当的窄的瞬时带宽,但其频带能在宽的频率范围内快速而连续地调谐,一般满足 $\Delta f_j \leqslant (2 \sim 5) \Delta f_r$, $f_r = f_j(t)$, $t \in [0, T]$,其中干扰信号中心频率 $f_j(t)$ 是覆盖 f_r、以 T 为周期、在 $[\min f_j(t), \max f_j(t)]$ 范围内连续调谐的函数。扫频式干扰可对干扰频段内的各雷达形成周期性的强干扰。由于扫频范围较大,也可以降低对频率引导的要求,并可同时干扰扫频范围内的频率捷变雷达、频率分集雷达和多部不同频率的雷达,因此扫频式干扰兼有瞄准式干扰和阻塞式干扰的优点。扫频速度和周期是扫频式干扰的关键性能指标。为了实现有效干扰,干扰信号频带扫过雷达接收机的时间必须大于或等于接收机的响应时间,而相邻两次扫过接收机通带的时间间隔又应适当地小,即扫频的频率需大于雷达的脉冲重复频率。

雷达有源压制干扰设备的一般组成如图 2.5 所示,主要包括接收天线、侦察接收机、引导控制系统、干扰信号产生器、干扰发射机、发射天线等部分,另外还有计算机与显示控制系统,用于对整个干扰设备进行管理控制。雷达信号经过接收天线,进入侦察接收机被放大、处理,经过分析识别,判定目标威胁等级,测量威胁信号参数。引导控制系统根据侦察接收机的侦测结果,控制干扰信号产生器选择适当的干扰频率和干扰样式,同时也控制干扰发射机工作,产生带有噪声调制的大功率干扰信号,经发射天线发射出去。由于干扰功率很大,发射信号可能经接收天线进入侦察接收机,严重时将影响侦察引导,因此常常是干扰和侦察引导分时工作,在侦察时关闭发射机。干扰设备的核心是大功率干扰发射机,其关键部件是功率放大器。为了使干扰设备能覆盖各雷达频段,要求功率放大器具有比雷达宽得多的工作带宽。适合用于有源压制干扰设备功率放大器的器件主要是行波管和场效应管。

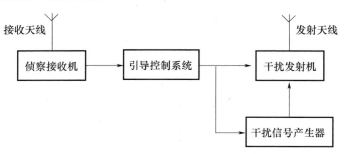

图 2.5　雷达有源压制干扰设备一般组成

国外以噪声干扰为主的典型雷达干扰装备有美国的 ALQ－99 噪声(杂波)干扰机、ALQ－122 噪声干扰机等。ALQ－99 噪声干扰机装在电子对抗专用飞机 EA－6B 和 EF－111A 上,包括 7 部干扰发射机,分装在 5 个吊舱内,干扰样式包括点干扰、双点干扰、扫频干扰和噪声调频阻塞干扰等,干扰频段覆盖64MHz～18GHz,有效发射功率达数十千瓦,用于对抗地面和舰载的警戒引导雷达、炮瞄雷达和地(舰)对空导弹的跟踪和制导雷达等。ALQ－122 噪声干扰机是美国空军第一种投入实战使用的功率分配式电子战系统,装于 B－52 系列轰炸机,用于干扰地空导弹的目标探测雷达等。

2.9　雷达有源欺骗干扰

雷达有源欺骗干扰是指人为发射或转发与目标回波信号相似的虚假目标信号,使雷达探测设备将干扰信号当作目标回波,增大虚警概率,或者不能正确测量和跟踪真目标参数(速度、距离、角度等),从而达到干扰雷达对真目标的检测和跟踪的目的。有源欺骗干扰的对象主要是跟踪雷达,包括火控雷达、雷达制导导引头等。

雷达有源欺骗干扰种类繁多,机理复杂。按照产生欺骗干扰信号的方法,雷达有源欺骗干扰可分为转发式干扰和应答式干扰两类。转发式干扰是指将收到的敌方雷达射频信号放大,由解调后的敌信号控制,经虚假信息调制后再发射出去所形成的干扰,有时也称放大－回答式干扰或回答式干扰。应答式干扰是指对敌方雷达信号瞬时测频,将干扰信号频率调谐到敌信号频率上,经储频或延迟,由解调后的敌信号控制,经虚假信息调制后再发射出去。

按照所欺骗的参数,雷达有源欺骗干扰可分为速度欺骗干扰、距离欺骗干扰、角度欺骗干扰以及多参数欺骗干扰等几类。速度欺骗干扰是指使雷达的速度测量和跟踪产生错误或误差增大的干扰,距离欺骗干扰是指使雷达的距离测量和跟踪产生错误或误差增大的干扰,角度欺骗干扰是指使雷达的角度测量和跟踪产生错误或误差增大的干扰,多参数欺骗干扰则是指对速度、距离、角度中至少两种参数的测量和跟踪进行的欺骗干扰。

根据干扰机理的不同,雷达有源欺骗干扰可分为质心干扰、假目标干扰、拖引干扰等几类。质心干扰是指真、假目标的某项参数(如速度、距离或角度)的差别小于被干扰雷达的相应分辨率(如速度分辨率、距离分辨率或角度分辨率),雷达不能区分真、假目标为两个不同目标,这时雷达的最终检测跟踪结果是真、假目标的能量加权质心。假目标干扰是指真、假目标的某项参数的差别大于雷达的相应分辨率,雷达能够区分真、假目标为两个不同目标,但可能将假目标当作真目标检测和跟踪,从而造成虚警,也可能由于强功率的假目标抑制了雷达对真目标的检测,从而造成漏警。在实际应用中,常常是利用欺骗干扰设备同时产生大量假目标,最好使雷达信号处理系统因处理不过来而饱和,即使不足以使其饱和,也使其必须处理许多假目标信息,难以区分真、假目标。拖引干扰是一种周期性的从质心干扰到假目标干扰的连续变化过程,一般分为停拖(或捕获)、拖引、关闭三个阶段。在停拖阶段,真、假目标参数相近,雷达不能区分两者,处于质心干扰状态,但假目标干扰信号功率很大,最终使雷达接收机的自动增益控制电路(AGC)响应假目标的功率而降低增益。在拖引阶段,假目标与真目标在预定的欺骗参数上逐渐分离(拖引),且分离速度控制在雷达跟踪电路能够响应的范围之内,以便使雷达跟踪系统能够平稳地响应到假目标参数上来,直到真、假目标的参数偏差远大于雷达的相应分辨率。由于拖引前假目标功率已经控制了接收机增益,尽管真目标仍然存在,但由于此时接收机增益较低,真目标回波信号受到了较大抑制,在质心上已经发生了很大偏移,因此在拖引阶段雷达跟踪系统在强干扰下很容易被假目标拖引开而脱离真目标。在关闭阶段,干扰设备停止发射干扰信号,假目标突然消失,造成雷达跟踪信号中断。在一般情况下,雷达跟踪系统会滞留和等待一段时间,AGC 电路重新调整控制状态,逐渐增大增益。如果信号重新出现,则雷达继续跟踪;如果假目标消失时间超过跟踪系统的滞留时间,则雷达在确认目标消失后,会重新开始搜索目标。

这里以对脉冲雷达的距离欺骗干扰为例,介绍雷达有源欺骗干扰的具体实现技术。距离欺骗干扰的对象是雷达的距离测量与跟踪系统。脉冲雷达是根据目标反射的回波脉冲与发射脉冲之间的时间间隔来测量目标距离,即目标到雷达的距离 $R_r = ct_r/2$(c 为光速,t_r 为回波脉冲与发射脉冲之间的时间间隔)。对脉冲雷达距离信息的欺骗通常是通过对侦收到的雷达信号进行时延调制和放大转发来实现。由于单纯的距离质心干扰造成的距离误差较小(小于雷达的距离分辨率),因此对脉冲雷达距离信息的欺骗主要采用距离假目标干扰和距离波门拖引干扰。

如果控制回波信号产生时延,并使时延对应的距离大于雷达的距离分辨率,就可以产生距离假目标。设 t_j 为假目标回波与发射脉冲之间的时间间隔,则假目标到雷达的距离为 $R_j = ct_j/2$,R_j 可以大于或小于真目标距离 R_r。实现距离假目标干扰的方法很多,图 2.6 所示为一种采用射频储频技术的转发式距离假目标欺骗干扰设备的组成和原理。由接收天线收到的雷达脉冲信号①经带通滤波器、定向耦合器分别送至储频电路和检波、视放、阈值检测器;当信号幅度达到给定阈值时,阈值检测器输出启动信号②,使储频电路对输入雷达信号①取样,并将所取样本以一定的形式(模拟或数字)保存在储频电路中;启动信号②同时还用作干扰控制电路的触发信号,在该信号触发下,由干扰控制电路产生各延迟时间的干扰调制脉冲信号③,按照脉冲列③重复取出储频电路中保存的取样信号①,送给末级功放放大后输出距离假目标欺骗干扰信号④,经发射天线发射出去。

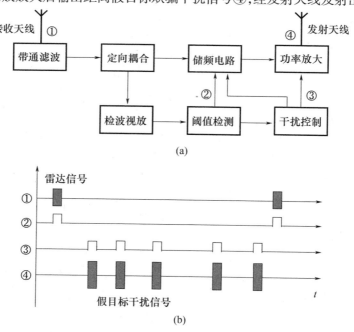

图 2.6 一种转发式距离假目标欺骗干扰设备的组成和原理

当雷达对目标距离进行连续测量时,便形成了距离跟踪。根据雷达工作原理,实现距离跟踪要产生一个时间位置可调的波门,称为距离波门,通过调整距离波门的位置使之在时间上与目标回波信号重合,然后读出波门位置作为目标距离数据。通过这种方法,雷达就只对距离波门内的回波和干扰信号做出响应,而将其他所有距离上的信号都抑制掉。对处于距离跟踪状态的雷达进行距离波门拖引干扰,就是利用干扰信号将雷达距离波门从真目标上逐渐拖引开。如上所述,拖引干扰一般以周期循环方式实施,分为停拖、拖引和关闭阶段。距离波门拖引干扰的假目标距离函数为

$$R_f(t) = \begin{cases} R & 0 \leqslant t < t_1 \\ R + v(t - t_1) \text{ 或 } R + a(t - t_1)^2 & t_1 \leqslant t < t_2 \\ \text{干扰关闭} & t_2 \leqslant t < T_j \end{cases} \quad (2.1)$$

式中:R 为目标所在距离(在自卫干扰条件下,R 也就是干扰设备所在距离);v 和 a 分别为匀速拖引时的速度和匀加速拖引时的加速度。将式(2.1)的距离转换为转发时延,则距离波门拖引干扰的转发时延为

$$\Delta t_f(t) = \begin{cases} 0 & 0 \leqslant t < t_1 \\ 2v(t - t_1)/c \text{ 或 } 2a(t - t_1)^2/c & t_1 \leqslant t < t_2 \\ \text{干扰关闭} & t_2 \leqslant t < T_j \end{cases} \quad (2.2)$$

图 2.7 所示为一种采用射频延迟技术的距离波门拖引欺骗干扰设备的组成。接收天线收到的雷达射频信号①经过定向耦合器,主路送给可编程延迟线 L,辅路送给包络检波器;检波器输出信号经过对数视放、阈值检测得到启动信号②,用作干扰控制器的触发;干扰控制器根据式(2.2)产生时延为 $\Delta t_f(t)$ 的拖引干扰控制脉冲信号③,作为对末级功放的调制脉冲,同时也对可编程延迟线 L 发出延迟时间的控制字;经延迟输出的射频信号与调制脉冲③同时到达末级功放,产生大功率射频拖引欺骗干扰脉冲信号④,再经发射天线发射出去。

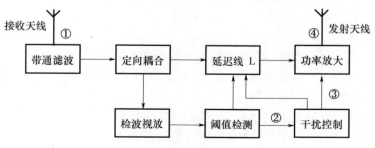

图 2.7　一种距离波门拖引欺骗干扰设备的组成

以有源欺骗干扰为主的典型雷达干扰装备有美国的 ALQ-126 欺骗式干扰机、ALQ-137 电子战系统等。ALQ-126 欺骗式干扰机是一种多波段自卫干扰机,多装在 EA-6B 等电子对抗专用飞机上,主要干扰方式有倒相圆锥扫描角度跟踪干扰、距离波门拖引干扰、扫频方波角度跟踪干扰等,频率覆盖范围为 2~20GHz。作战使用时,当收到敌方火控雷达信号后,经延迟和放大再转发出去,以破坏雷达的跟踪。ALQ-137 电子战系统也是一种多波段欺骗式自卫干扰机,装在 F-111、FB-111、EF-111A 等飞机上,采用的主要干扰方式包括距离波门拖引、速度波门拖引等,干扰功率可达 1kW,干扰波段覆盖 E~I/J 频段。

2.10 雷达无源干扰

雷达无源干扰是利用本身不发射电磁波的器材,通过反射(散射)或吸收入射的电磁波,破坏或削弱敌方雷达探测设备对目标的检测和跟踪的一种电子干扰方式。与有源干扰相似,雷达无源干扰也有压制和欺骗两种干扰机理。无源压制干扰是通过大量投放无源干扰器材,使敌方雷达接收机信噪比大幅降低,或将目标回波信号淹没在干扰信号之中,从而使雷达无法检测和跟踪目标。无源欺骗干扰是通过人为增强雷达反射回波,形成与目标信号相似的虚假信号,诱骗敌方雷达做出错误判断。雷达无源干扰器材可以用来同时对付不同方向、不同频率、不同体制(包括频率捷变、频率分集、单脉冲、重频参差、重频抖动等)的多部雷达,而且制造简单,使用方便、可靠,因此广泛应用于机动平台自卫、目标掩护等目的。

常用的雷达无源干扰器材有箔条、反射器、雷达假目标、雷达诱饵等。

2.10.1 箔条

箔条是具有一定长度和频率响应特性,能强烈散射电磁波的涂镀金属薄层介质或金属制成的细丝、薄片和条带的总称。目前最常用的箔条有铝箔条、镀铝玻璃丝等。实际应用中,通常都是做成箔条干扰弹或箔条包,由专门的发射器或投放器发射、投放到空中,在气流和箔条本身重力的作用下迅速散开形成箔条云,其中大量随机分布的箔条对入射电磁波的散射形成箔条干扰。箔条云对雷达发射的电磁波的散射,可能会在雷达显示屏上产生与噪声类似的杂乱回波,可以遮盖目标回波,从而对雷达形成压制干扰,也可能产生假目标信息,对雷达形成欺骗干扰。实际使用最多的是尺寸为半波长的箔条丝,称为半波振子,它对入射电磁波频率谐振,产生的散射最强,相应的雷达截面积(Radar Cross Section, RCS)最大。

箔条干扰的战术使用方式主要有两种:一种是在一定空域中大量投放箔条,形成几千米宽、几十千米长的长条状掩护带,即箔条干扰走廊。当飞机通过干扰走廊时,雷达分辨单元中箔条云的 RCS 远大于飞机的 RCS,飞机反射的雷达回波淹没在箔条云反射的回波之中,雷达便不能发现和跟踪飞机,这是一种压制干扰效果,用以掩护战斗机群的突防;另一种是在飞机或舰船自卫时投放箔条,箔条云产生比目标自身回波强得多的回波,而目标同时作机动规避飞行,诱使雷达的跟踪转移到箔条云上而脱离目标,这是一种假目标欺骗干扰,可以达到逃避敌雷达跟踪、保护目标自身安全的目的。

2.10.2　反射器

反射器是一种常用的雷达回波增强器材,可以在较宽的频率范围内对入射电磁波产生强反射,以小体积的反射体模拟具有大 RCS 的目标,既可以用作假目标,也可以用于改变所在处目标的反射特性。常用的反射器有角反射器、龙伯透镜反射器等。

角反射器利用三个互相垂直的金属平板制成。根据金属平板的形状,可以分为三角形角反射器、圆形角反射器和方形角反射器等。角反射器可以在较大的角度范围内,将入射电磁波经过两次或三次反射,按原入射方向反射回去,因此具有很大的 RCS。例如,臂长(垂直边长)仅为 40cm 的方形角反射器,对于 10GHz 雷达,最大 RCS 可达 1000m^2 以上。角反射器的 RCS 与方向有关,在中心轴方向最大。角反射器的 RCS 还与臂长和波长相关,即与臂长的四次方成正比,与波长平方成反比,所以增大臂长可以显著增大角反射器的 RCS。反射器的方向性常用方向图宽度表示,通常定义为 RCS 降到最大值 1/2 时的角度范围。角反射器的方向图宽度一般可达 30°左右。

龙伯透镜反射器是在龙伯透镜表面的一部分涂覆金属反射层而制成。龙伯透镜是一种层状结构的介质圆球,其折射率 n 随半径 r 变化,球外层的折射率与空气相同或相近,越向球心折射率越大,即有 $n = \sqrt{2 - (r/a)^2}$ (a 为圆球外半径)。利用具有这种折射率特性的龙伯透镜制成的反射器可以在大的角度范围内,将入射的平面电磁波会聚起来,再以很大的增益将其反射回去,因而具有很大的 RCS。龙伯透镜反射镜的 RCS 与圆球外半径 a 的四次方成正比,与波长平方成反比。其方向图宽度与金属反射面的大小有关。当反射面为圆球表面的 1/4 时,龙伯透镜反射器的方向图宽度约为 90°。根据所加金属反射面的大小,有方向图宽度分别为 90°、140°、180°的三种常用的龙伯透镜反射器。龙伯透镜反射器的优点是体积小、雷达截面积大、方向图宽,缺点是制造工艺复杂、成本较高。

2.10.3　雷达假目标和雷达诱饵

雷达假目标是用来产生虚假目标信息以欺骗或迷惑敌雷达探测设备的电磁波散射(反射)体或辐射源。假目标一般在电磁特性、运动特性等方面能够逼真模拟真目标,可造成雷达虚警,诱使敌火力武器攻击假目标,大量假目标则会增加雷达信号处理时间和各种资源的消耗,甚至会造成雷达信号处理系统的饱和,从而减小真目标受攻击的概率。

根据布设方式和运动特性,雷达假目标可分为固定布设型假目标、空飘海漂型假目标、机动型假目标等类型。固定布设型假目标主要用于地面、海面目标的伪装和掩护,多采用各种反射器和外部由金属材料制成或表面涂覆金属的假战车、假飞机、假舰船等,要求具备逼真的微波散射特性。空飘海漂型假目标用于模拟飞机和舰船目标的微波散射特性。空飘型假目标一般为灌注轻质气体、定高飘浮的金属涂覆气球,利用高空气流带动其运动。海漂型假目标一般为充气展开的水面角反射器阵列,利用洋流带动其运动。机动型假目标用于模拟运动中的飞机、舰船、车辆等目标的微波散射特性,一般由反射器或有源干扰机、发动机和运动控制系统等部分组成,其中反射器或有源干扰机模拟目标的微波散射信号,发动机提供运动的动力,运动控制系统控制运动的轨迹以模拟目标的运动特性。

随着微波/光电复合探测、制导技术的发展,假目标也出现了向微波/光电复合化发展的趋势。这种假目标集毫米波和微波散射特性、红外辐射特性、可见光反射特性于一体,可有效对抗各种波段的目标探测设备和精确制导武器。

雷达诱饵是一种引诱跟踪和制导雷达偏离被保护目标的雷达假目标,广泛用于战略武器突防和飞机、舰船等作战平台的自卫,一般在被保护目标受雷达或雷达制导导弹跟踪时发射或投放,通过散射或辐射较强的电磁波,吸引雷达或雷达制导导弹跟踪诱饵,从而脱离被保护目标。雷达诱饵包括无源诱饵和有源诱饵两类。无源诱饵多采用反射器、箔条等无源器材。有源诱饵一般为欺骗干扰机,实际上属于雷达有源欺骗干扰范畴。为了有效干扰雷达对目标的跟踪,雷达诱饵应具有足够大的 RCS 或干扰功率,并具有与被模拟目标相似的频谱特征,在发射诱饵后被保护目标应适时进行速度和方向上的机动规避。

雷达诱饵与被保护目标之间具有密切的空间位置和运动关系,根据这种关系,雷达诱饵可分为固定布设式诱饵、投掷式诱饵、拖曳式诱饵和随行式诱饵等类型。固定布设式诱饵用于保护固定目标,一般为迎向威胁方向的偏两点或三点布设,诱饵与被保护目标的间距应不小于威胁武器杀伤半径的 3～5 倍,诱饵到达被干扰雷达的辐射或散射功率应是被保护目标的 K_j 倍以上(K_j 为压制系数）。投掷式诱饵用于保护固定目标或运动目标，多为一次性使用，利用炮弹或火箭弹发射，根据来袭威胁方向、目标运动方向等条件确定发射参数，发射出去到达预定位置后迅速成形、开伞悬吊或充气滞空，形成较大的干扰功率或 RCS，诱使雷达跟踪。拖曳式诱饵主要配属于运动目标，平时保存在目标上，受到威胁时从目标上施放，由目标通过拖缆提供动力和运动控制，与目标保持一定间距（典型值为 100m 左右）并有相同的运动特性，在任务后期一般采取断缆措施，使诱饵继续迎向威胁方向运动，目标则迅速实施机动规避。拖曳式诱饵多采用有源欺骗干扰机，由目标平台通过拖缆供电，对威胁雷达实施转发式干扰。随行式诱饵主要配属于运动目标或目标群，自带动力，可在一定时间内随行目标运动，一般采用无人驾驶的运动平台（如无人机），由目标携带，需要使用时从目标平台投放，完成任务后可回收或进行自毁式攻击。随行式诱饵也多采用有源诱饵。

　　典型的雷达无源干扰装备有美国的 AN/ALE - 47 干扰物投放系统、GEN - X 雷达有源诱饵、AN/ALE - 50 拖曳式有源诱饵系统等。AN/ALE - 47 干扰物投放系统是一种机载的威胁自适应、软件可编程投放系统，可根据载机告警设备的侦察告警信息和飞控系统提供的飞行高度、速度等数据，按照最佳投放程序投放箔条干扰弹、有源欺骗干扰机或曳光弹，以达到最佳干扰效果和最大效费比。GEN - X 雷达有源诱饵是一种小型无动力的弹射炮弹，可由 AN/ALE - 47 等机载投放系统发射，诱饵采用应答式欺骗干扰，干扰机锁定在威胁雷达信号频率上，发射类似于飞机反射的雷达回波信号，引诱雷达制导导弹跟踪而脱离载机目标。AN/ALE - 50 拖曳式有源诱饵系统装在海军飞机上，由诱饵、发射器及发射控制器等部分组成。诱饵本身包含有无线电收发机、行波管放大器和调制器，属于转发式欺骗干扰机。发射器内装有诱饵弹筒，弹筒内可装 3 枚诱饵，并装有投射用的电缆卷轴。诱饵由发射器投射后，通过电缆拖曳在载机后面，将收到的威胁雷达信号放大并转发，使得诱饵本身就像反射雷达信号的飞机，而信号比载机回波信号更强，同时还增加了一个小调制来模拟飞机发动机特征，引诱雷达制导导弹跟踪诱饵，从而保护载机免遭导弹杀伤。

2.11　伪装隐身技术

　　伪装是利用伪装网、伪装遮障、迷彩涂料、隔热材料等器材，模拟目标所处背景的电磁辐射或反射特征，使目标得以遮蔽并与背景相融合，或改变目标本来的真实面貌，使之难以被敌方探测和准确识别的一种技术。隐身则是通过抑制或减小目标的某些电磁辐射或反射特征，使敌方武器或设备难以发现目标，或使其探测距离显著减小的一种技术。在实用中，伪装和隐身往往在技术手段、使用目的和实际效果上是相同或类似的,有时很难严格区分。为此,这里我们笼统地称为伪装隐身技术。从欺骗敌方武器或设备以保护己方目标的角度看,伪装隐身可以看作一种无源干扰手段。而从隐蔽己方目标、避免被敌方侦测的角度看,伪装隐身通常作为己方作战平台或重要目标的一种反侦察手段或电子防护手段。伪装隐身技术针对的作战对象主要是各类目标探测设备和精确制导武器,用于保护各种作战平台,如飞机、舰船、装甲车辆等,以及重要军事设施如机场、油库、导弹发射阵地等。

伪装隐身是通过采用特殊的材料、结构设计、热设计以及应用各种伪装技术而实现的。这些技术主要包括:用于消除或减少目标暴露特征的遮蔽技术,降低目标与背景之间对比度的融合技术,改变目标原有外形特征的变形技术,以热抑制为重点的内装式设计技术等。

伪装隐身按照工作波段分为可见光、红外、激光、雷达伪装隐身等。

可见光伪装隐身对抗的对象是可见光探测设备和电视制导武器等。可见光探测设备和电视制导导引头探测的是目标反射的可见光,通过目标与背景之间的亮度和颜色对比来发现、识别目标,所以可见光伪装隐身就是要消除或减小目标与背景之间在亮度和颜色上的差别。目标表面材料对可见光的反射特性是决定亮度和颜色的主要因素。可见光伪装隐身最常用的手段是迷彩伪装,即通过在目标表面涂敷与背景颜色、亮度分布相似的迷彩图案,或在目标上覆盖模拟背景色调的迷彩伪装网、伪装遮障,以降低目标的显著性,使其融于背景之中。

红外伪装隐身对抗的对象是红外探测设备和红外制导武器等。红外探测设备和红外制导导引头根据目标与背景之间红外辐射的差别来探测目标,红外伪装隐身就是通过改变目标或其背景的红外辐射特性,降低两者之间的辐射对比度,从而降低目标被探测发现的概率。在实用中,多数是通过抑制目标的红外辐射强度,或改变目标表面的红外辐射分布特征来实现。抑制目标红外辐射强度的主要措施有:采用空气对流散热系统,以将目标表面热量通过周围空气迅速带走;在目标表面涂覆低发射率涂料;利用隔热材料配置隔热层,以减小目标在某一方向的红外辐射;加装冷却系统,以降低发动机排气管和热废气的温度;改进发动机燃料成分,以降低喷焰温度,或改变其红外辐射波段使之落在大气窗口之外。改变目标表面红外辐射分布特征的主要措施有:利用红外辐射伪装网或伪装遮障,使目标融入背景红外图像之中;在目标表面涂覆不同发射率的涂料,构成热红外迷彩图案等。

激光伪装隐身对抗的对象是各类激光探测系统,包括激光测距机、激光制导武器导引头等。激光伪装隐身主要是通过消除或削弱目标表面反射激光的能力,尽可能减小目标的激光雷达截面(Laser Radar Cross Section,LRCS),以降低敌方激光探测系统对目标的探测概率,减小其探测距离。为减小目标的 LRCS,实现激光伪装隐身,常用措施有:改进目标外形设计,消除可产生激光角反射器效应的外形结构组合,变后向散射为非后向散射,用边缘衍射代替镜面反射,用平板外形代替曲面外形,减小散射源数量,尽量减小外形尺寸;在目标表面涂覆有较强激光吸收能力的材料,或表面直接采用激光吸收材料制成;利用光致变色材料,使入射激光穿透或反射后波长改变;对目标进行表面处理,涂覆无光泽涂层或使其变粗糙等。

雷达伪装隐身对抗的对象是各类雷达探测系统,包括火控雷达、雷达制导武器导引头等。由于雷达探测系统的作用距离与目标 RCS 的四次方成正比,因此减小目标 RCS 可使雷达探测系统作用距离显著减小。雷达伪装隐身主要是通过减小目标 RCS 或在目标上覆盖雷达伪装网、伪装遮障而实现的。为减小目标 RCS,常用的措施有:改进目标外形设计,通过对目标形状、轮廓、边缘、表面的设计,使其在主要威胁方向上的 RCS 显著降低;采用某些特殊材料或结构,如吸波材料、镶入式吸波结构、透波材料等,利用它们对电磁波良好的吸收、通透性能减小目标的 RCS;通过阻抗加载,减小飞行器目标在重点方向上的电磁波散射等。

第3章 精确制导导弹

精确制导导弹简称导弹,是种类最多、应用最广的一类精确制导武器,是电子对抗装备最主要的作战对象之一。电子对抗装备对导弹的干扰机理和干扰效果与导弹的技术体制、工作原理和组成结构等密切相关,要正确理解和检验、评估导弹电子干扰效果,必须对导弹有较为深入的认识。本章介绍常用的各类导弹。鉴于导弹种类繁多、技术体制复杂多样,受篇幅所限,这里仅对各类导弹中应用最多或最有代表性的基本类型和技术体制加以介绍。考虑到精确制导导引头是导弹上对电子干扰最为敏感的部件,电子对抗装备对导弹的干扰主要是通过对导引头的干扰而实现,本章重点介绍各类精确制导导引头的工作原理和一般组成结构。为检验、评估导弹干扰效果,需要有导引头模拟设备作为配试干扰对象,为此,本章最后阐述了用于导弹干扰效果试验评估的各类导引头模拟设备的设计原则和一般要求。

3.1 概述

导弹一般由弹体、战斗部、引信、推进系统、制导系统等部分组成,如图 3.1 所示。

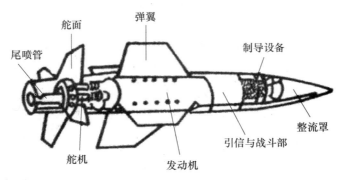

图3.1 导弹一般组成结构

弹体是承载、安装导弹各部分的结构部件,用于把各部分连成一个整体,分为弹身、弹翼和舵面等部分。弹体应具有足够的强度和刚度,适合于高速机动飞行的气动外形,能保证弹上设备正常工作的良好环境,以及一定的隐身突防性能。

战斗部又称弹头,是导弹的有效战斗载荷,用于装填炸药,以杀伤、摧毁目标。根据装药的不同,战斗部分为常规战斗部、特种战斗部和核战斗部等几类,其中常规战斗部又分为破片杀伤、连续杆、集束式、穿甲爆破、动能穿甲等多种。

引信用于在导弹飞抵目标区时,通过探测感知目标信息,按预定条件适时发出引爆信号,控制战斗部在相对于目标最有利的位置或时机启爆,以充分发挥其杀伤威力。

推进系统用于提供导弹飞行的动力。导弹采用的推进系统主要有火箭发动机和空气发动机两类,其中,火箭发动机自带氧化剂,空气发动机则利用空气中的氧气作为氧化剂,又分为涡轮风扇(涡扇)发动机、涡轮喷气(涡喷)发动机、冲压喷气发动机等几种。为了提高起飞加速能力,有的导弹除了主发动机外,还装有助推器。

制导系统用于探测导弹相对于目标的飞行情况,计算导弹实际位置与预定位置的飞行偏差,形成导引指令,并操纵导弹改变飞行状态,使其沿预定的弹道飞向目标。如图 3.2 所示,制导系统由导引系统和控制系统两部分组成。其中,导引系统主要包括目标、导弹传感器和导引指令形成装置等,用于测量目标、导弹的运动参数,按要求的导引律形成导引指令。根据导弹种类的不同,导引系统设备可能全部装在弹上,也可能有部分或全部位于弹外制导站。控制系统主要包括制导计算机、作动装置(舵机)、操纵面(舵面)、导弹姿态敏感元件、操纵面位置敏感元件等,其功能是根据导引指令,产生相应作用力迫使导弹改变飞行状态,使导弹沿着要求的弹道飞行,并在飞行中保持稳定。控制系统设备全部位于弹上。

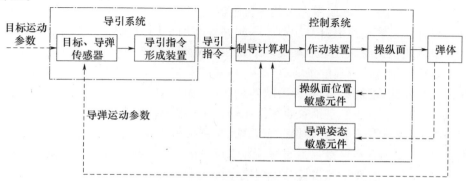

图 3.2　制导系统组成及制导原理

导弹发射后,目标、导弹传感器不断测量导弹相对要求弹道的偏差,导引指令形成装置根据导引律的要求,将该偏差信号加以变换,形成导引指令并送给制导计算机。计算机根据导引指令,以及导弹姿态敏感元件和操纵面位置敏感元件实时测量并反馈的弹体姿态、操纵面位置信息,经过比较形成控制信号,再经变换、放大后,控制作动装置动作,驱动操纵面作相应偏转,从而改变导弹的飞行方向,使导弹回到要求的弹道上来。当导弹在飞行中因受到某种扰动,导致姿态角发生改变时,姿态敏感元件会检测出姿态角偏差,并形成电信号反馈至计算机,进而操纵导弹恢复到原来的姿态,以保持稳定飞行。

制导系统是导弹的核心部分,其体制类型、组成结构、性能决定着导弹的作战效能和应用范围。根据导引信息的来源,制导系统可分为自主制导、遥控制导和寻的制导等几类。

自主制导是根据发射点和目标的位置,预先拟定导弹飞行弹道,并编成程序装定在弹上制导计算机内,在飞行过程中利用导弹自带的制导设备实时测量相关物理量,与预定弹道要求的数据进行比较,形成控制信号,进而控制导弹沿预定弹道飞向目标。在自主制导系统中,导引信号的产生不依赖于目标和制导站,仅由导弹自带制导设备测量地球或宇宙空间的某种物理特性,进而控制导弹的飞行弹道。常用的自主制导方法有惯性导航、天文导航、地形匹配制导、图像匹配制导等。惯性导航是将预定弹道参数编好程序,在飞行中将弹上陀螺仪、加速度计等惯性测量元件实时测得的导弹运动参数与弹上装定数据不断进行比较,进而修正弹道误差。天文导航是预先将导弹位置坐标装定在弹上,在飞行中利用弹上六分仪等设备不断跟踪测量指定星体(亮度较高的恒星或行星)的高度角,通过计算得到导弹的实时位置坐标,再通过与装定的导弹位置坐标相比较,形成导弹航向修正信号,进而控制导弹按预定弹道飞向目标。地形匹配制导是将导弹飞行航线上的地形高度数据预先编入程序中,在飞行中将其与弹上无线电高度表、气压高度表或激光雷达等传感器实时测量的地形高度数据进行比较,取其相关性来修正弹道误差。图像匹配制导与地形匹配制导原理相似,只是匹配对象以地物景象取代地形高度。事先在目标附近导弹预定经过的路线上选择若干地貌光学特征明显的景象匹配区,在发射前将匹配区的数字景象地图装定在弹上制导计算机内。当导弹飞临匹配区上空时,弹上电视摄像机实拍地物景象,并与预先装定的数字景象地图作比较,以确定导弹是否偏离预定航线。如果有偏离,则及时修正航线;如果完全匹配,导弹便俯冲攻击目标。自主制导的特点是:导弹发射后不再接收制导站或发射点的指令,与目标之间也没有直接的信号联系,导弹飞行航线和目标命中精度由弹上制导设备决定,因此隐蔽性好,不容易被侦察和干扰。

　　遥控制导是从弹外制导站向导弹发出导引信息,进而将导弹引向目标的制导方式。其中,制导站可以在地面,也可以在舰船、飞机等载体上。制导设备分布在制导站和弹上,其中,目标传感器一般安装在制导站(个别情况下也可安装在弹上),控制系统安装在弹上,而导引指令形成装置既可能安装在制导站,也可能安装在弹上,由此可将遥控制导分为遥控指令制导和驾束制导两种。在遥控指令制导系统中,由位于制导站的目标/导弹跟踪测量设备同时测量目标、导弹的运动参数,再由导引指令形成装置根据导引律形成相应导引指令,并通过无线或有线方式传送给导弹,弹上指令接收装置接收导引指令并解算后,驱动控制系统操纵导弹飞向目标。驾束制导也称为波束制导,是由制导站发出电磁波束(无线电波束或激光波束)跟踪照射目标,导弹发射后在波束内飞行,弹上制导设备感受导弹偏离波束中心的方向和距离,并据此形成相应的导引指令,进而控制导弹沿波束中心飞行直至目标。由此可见,遥控指令制导的导引指令是在弹外制导站形成的,而驾束制导的导引指令是在弹上制导设备中形成的。遥控制导的特点是,弹上制导设备较简单,但由于在导弹发射后,在制导站、导弹、目标之间不断有信号联系,易被敌方侦测和干扰。

　　寻的制导的导引系统(包括目标传感器和导引指令形成装置)装在弹上,导引信息全部由弹上设备获得。在导弹飞行过程中,由弹上目标传感器通过直接探测目标辐射或反射的电磁波信号,得到目标相对于探测轴的角位置偏差及其他目标信息,据此形成相应的导引指令,再通过控制系统控制导弹飞向目标。寻的制导是精确制导武器的主要制导体制,是实现"发射后不管"能力的基础。根据目标电磁波能量来源的不同,寻的制导可分为主动寻的制导、半主动寻的制导、被动寻的制导三类。主动寻的制导武器在弹上装有辐射源,用它照射目标,由弹上探测系统接收从目标反射回来的信号,进而获得目标信息。半主动寻的制导武器利用弹外的辐射源照射目标,由弹上探测系统接收目标反射的信号进行制导。被动寻的制导武器则不用专门的辐射源照射目标,只是通过被动接收来自目标的电磁波信号进行制导。

　　寻的制导的导引系统具有自动跟踪测量目标的能力,一般安装在武器的头部,称为导引头或寻的器,是寻的制导的核心部件。导引头的基本功能是:在复杂的自然背景和一定的人为干扰环境中,能够探测、识别、捕获、跟踪目标,测量目标运动参数,按照一定的导引律(如常用的比例导引律等)形成导引指令并送给控制系统。

　　根据所探测电磁波频段的不同,制导系统可分为红外制导、电视制导、激光制导、雷达制导等几类,以下主要按照这一分类介绍各类导弹,重点是导引头的组成结构和原理。

3.2 红外制导导弹

3.2.1 概述

红外制导是指通过探测目标本身的红外辐射获取目标信息的制导技术。红外制导主要有红外视线指令制导和红外寻的制导两类。

红外视线指令制导是光学遥控指令制导的一种,是利用弹外制导站的红外非成像或成像测量设备测量目标、导弹的位置等信息,按照导引律的要求形成相应导引指令,再通过无线或有线方式传到弹上,进而控制导弹飞向目标。显然,这种制导方式要求在导弹发射点、制导站和目标之间可以通视,以便红外测量设备对目标、导弹进行跟踪测量,因此被称为视线指令制导。这种制导方式多应用于地对地的反坦克导弹和地对空的防空导弹。

红外寻的制导属于被动寻的制导,根据所探测目标信息的不同,又分为红外点源寻的制导和红外成像寻的制导两类。红外点源寻的制导是将目标作为一个点辐射源,探测其总辐射量及辐射中心偏离导引头探测光轴的角误差(或称失调角)。红外成像寻的制导则通过成像获得目标及其背景的热辐射分布。红外寻的制导是最主要的红外制导方式,大量应用于空空导弹、地空导弹、空地导弹、巡航导弹等各类导弹,以美国的"响尾蛇"(Sidewinder) AIM – 9B/D/L 系列空空导弹(红外点源寻的制导)和"幼畜"(Maverick,又译"小牛")AGM – 65D/F/G 系列空地导弹(红外成像寻的制导)最为典型。这里重点介绍红外寻的制导。

如前所述,导引头是实现寻的制导的核心部件,所以本章主要围绕各类导引头的组成、结构和功能介绍相应的寻的制导方式。按基本功能模块划分,红外寻的制导导引头由红外探测系统、目标信号处理系统、稳定跟踪系统、导引指令形成系统等部分组成,如图 3.3 所示。

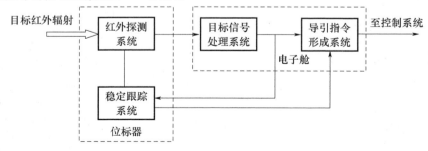

图 3.3 红外导引头组成

红外探测系统用于接收来自目标(包括背景)的红外辐射,并将其转换为电信号。红外探测系统主要包括红外光学系统和红外探测器组件。对于某些种类的红外导引头,还有用于辐射调制的调制机构或用于扩大探测视场的扫描机构等。

红外光学系统的作用是收集目标的红外辐射能量并会聚在焦平面上。红外光学系统形式多种多样,大致可分为反射式、透射式(或称折射式)、折反式等几类。由于红外导引头内空间很小,大多采用折反式光学系统。这种系统利用平面反射镜、球面反射镜等光学元件对入射光辐射进行多次反射以折叠光路,可显著减小系统轴向长度。整流罩是各类红外导引头光学系统的主要组成部分之一,位于导弹最前端,具有满足导弹气动特性的外形,多为同心半球形透镜,也有少量采用锥形整流罩,多采用锗酸盐、氟化镁、硫化锌、蓝宝石或金刚石等红外光学材料制成,用于隔离高速运动的大气,保护导引头内部元器件不受侵蚀,并对大气起整流作用,以改善导弹气动特性,同时也作为光学系统元件之一,用于校正像差。

红外探测器组件主要包括探测器及其制冷器,用于将入射的红外辐射变换为电信号。其中,制冷器用于保持探测器在低温下工作以降低热噪声。探测器的敏感面一般在光学系统焦平面上,它与光学系统一起决定着红外探测系统的视场和灵敏度。在探测器的动态范围内,输出电信号的幅度与其接收的红外辐射功率成正比。探测器的光谱响应特性决定着红外导引头的工作波段和可探测目标的种类。红外导引头常用的工作波段包括 $1 \sim 3\mu m$ 的短波红外波段、$3 \sim 5\mu m$ 的中波红外波段和 $8 \sim 12\mu m$ 的长波红外波段。短波波段主要用 PbS(硫化铅)探测器,可探测高温目标。中波波段常用制冷的 InSb(锑化铟)、PbSe(硒化铅)、PtSi(铂硅)和 HgCdTe(碲镉汞,MCT)等探测器,可探测飞机发动机排出气流的辐射。长波波段主要用制冷 HgCdTe 探测器,可探测飞机发动机喷管和蒙皮辐射。红外导引头探测器的制冷多采用微型气体节流式制冷器,其工作原理基于焦耳 – 汤姆逊效应,即当高压气体流经小孔突然膨胀后,压强急剧下降,温度也将显著降低。制冷介质多采用高纯氮气、氩气或净化空气等,一般需要有相应的制冷供气系统。在导引头内部结构允许时,也可使用闭环斯特林制冷机制冷。为了抑制背景辐射、系统自身辐射以及导引头内部杂散光等干扰,常在制冷探测器组件中设置制冷屏蔽套(简称冷屏)或冷光阑,以减小探测视场并提高探测能力。

红外导引头的目标信号处理系统的功能主要包括:将来自红外探测系统的低信噪比微弱电信号进行放大和滤波处理,检测、识别目标,给出捕获目标指令,提取和放大目标角误差信号,控制稳定跟踪系统跟踪目标,测量输出导弹—目标视线角速度等信号。目标信号处理系统一般由前置放大电路、信号预处理电路、抗干扰电路、目标识别及误差信号提取电路、目标捕获电路、跟踪功率放大电路以及相应的弹载计算机和软件组成。

稳定跟踪系统的主要功能是在目标信号处理系统的参与下，带动红外探测系统跟踪目标，并隔离弹体角运动以使导引头光轴指向在惯性空间中保持稳定。红外导引头采用的稳定跟踪系统主要是动力陀螺式和速率陀螺式两类。动力陀螺式系统利用三自由度陀螺的定轴性直接或间接地稳定导引头光轴，利用陀螺的进动性进行跟踪。速率陀螺式系统则利用装在稳定跟踪平台上的速率陀螺测量平台扰动角速度，形成负反馈控制信号实现导引头光轴稳定，同时利用伺服跟踪回路驱动平台实现目标跟踪。稳定跟踪系统一般由台体(含框架)、三自由度陀螺或速率陀螺、力矩器、角度传感器以及放大、校正、驱动等电路组成。

导引指令形成系统的主要功能是根据导引律的要求，对来自目标信号处理系统的弹目视线角速度信号以及其他有关信号进行综合处理，形成导引指令送给导弹飞控系统。红外导引头提取视线角速度的典型方案是以驱动稳定跟踪平台跟踪的角速度指令信号作为视线角速度信号送给飞控系统，因为在稳态时，平台的跟踪角速度等于视线角速度，而驱动平台跟踪的角速度指令又与平台跟踪角速度成正比。导引指令形成系统一般由变导引系数、坐标转换、导引指令信号放大、末端偏置、离轴角补偿等电路组成。

按结构划分，红外导引头包括目标位标器和电子舱两部分：位标器包括上述红外探测系统和稳定跟踪系统两部分；电子舱包括目标信号处理系统和导引指令形成系统。位标器布置在导引头前端，装有导引头的全部光机部件和少量电路。电子舱布置在导引头后端，由电路板、导线束、骨架等构成，包含了导引头的绝大部分电路。

不同种类红外导引头的差别主要体现在红外探测系统、稳定跟踪系统的形式以及相应的目标信号处理方法，以下具体介绍常用的几种红外导引头。

3.2.2 红外点源导引头

红外点源寻的制导是将目标作为一个点辐射源探测其总辐射量，为了获得目标相对于导引头光轴的方位信息，需要对接收到的连续红外辐射进行调制，将其转变为含有目标方位信息的脉冲信号。根据红外探测系统调制方式的不同，红外点源寻的制导导引头主要分为单元调制盘式导引头和多元脉位调制式导引头两种。单元调制盘式体制由调制盘旋转加单元红外探测器实现，多元脉位调制式体制由离轴光学系统扫描加多元红外探测器实现。

1. 红外探测系统

单元调制盘式红外探测系统主要由红外光学系统、调制盘、单元红外探测器组件等部分组成,图3.4所示为一种典型的单元调制盘式红外探测系统。

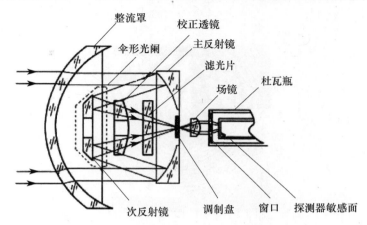

图 3.4　单元调制盘式红外探测系统典型组成结构

图3.4所示红外探测系统的光学系统即为典型的折反式光学系统,主要由整流罩、主反射镜、次反射镜、校正透镜、伞形光阑、滤光片、场镜等部分组成。主反射镜多为球面反射镜,表面镀高反射膜以提高反射率,用于收集来自目标的红外辐射能量并会聚。次反射镜一般为平面镜,表面也镀有高反射膜,用于折叠光路以减小系统长度。校正透镜则用于校正像差。红外点源导引头的光学系统特别需要设法抑制背景辐射和视场外的杂散辐射。图3.4所示系统中的伞形光阑,可用于避免视场外的杂散辐射直接到达探测器的敏感面上,而滤光片则用于光谱滤波,以使目标的主要辐射波段透过,背景辐射尽量不透过或少透过。单元红外探测器组件位于调制盘后。为了让会聚在调制盘上的辐射全部落在探测器的敏感面上,探测器应尽可能靠近调制盘,且敏感面直径大于调制盘直径。但探测器的敏感面越大,响应度越低,噪声越高,所以应设法使敏感面尽量减小。因此,该系统在调制盘之后加了场镜,其作用是将发散的辐射适当会聚后再照射到探测器上,这样可以使用敏感面较小的探测器接收到光学系统收集的所有辐射能量,同时还可使敏感面上的辐射能量分布均匀。在调制盘后加场镜后,可以使单元调制盘式导引头红外探测器的敏感面尺寸减小至 $2\sim4\mathrm{mm}$。

调制盘是单元调制盘式红外探测系统的关键部件,是由金属或光学材料制成的平面光学元件,上有特殊设计的由对红外辐射透明、不透明和半透明区域组成的调制图案。其主要功能包括:将来自目标及其背景的连续红外辐射调制成

39

脉冲信号,给出目标相对于导引头光轴的方位信息,抑制背景辐射,确定导引头的探测视场等。调制方式有调幅式、调频式等,以调幅式居多。一种典型的调幅式调制图案如图3.5所示,其中上半部为由红外透明和不透明格子组成的棋盘格式目标信号调制区,下半部为透过率为50%的半透明区。

图 3.5 典型的调幅式调制图案

当调制盘在微电机的带动下旋转时,落在调制盘后探测器上的目标像点的红外辐射受到切割,变成断断续续的一串脉冲信号,脉冲信号的频率、相位等参数随着目标像点相对于调制盘中心的位置(距离和方位)而异,因此可以反映目标相对于导引头光轴偏差角的大小和方位。由于调制盘分为目标信号调制区和半透明区两部分,使得调制后的目标高频信号载有一个低频包络,检波后包络信号的相位可给出目标相对于导引头光轴的空间方位。而当面积较大的背景辐射落到调制盘上目标信号调制区时,由于像斑覆盖许多格子,其平均透过率接近于50%,在半透明区透过率也是50%,输出信号接近于直流,所以很容易被滤除。

多元脉位调制式导引头的红外探测系统与单元调制盘式导引头的主要差别在于:一是取消了调制盘;二是利用四个条形探测元构成十字形探测器,或两个条形探测元构成L形探测器,取代了一个大敏感面探测器;三是次反射镜倾斜,使其法线相对于光学系统主轴成一个小角度,在光学系统绕主轴旋转时实现像点离轴扫描,从而形成脉位调制系统。

一种典型的多元脉位调制式红外探测系统的组成结构及其十字形探测器的布局如图3.6所示,光学系统也采用折反式结构,与单元调制盘式探测系统的主要差别是次反射镜倾斜了一个小角度,因此形成一个离轴系统。当光学系统绕主轴旋转时,目标像点在焦面上实现圆扫描(图3.6(b))。当光学系统主轴偏离弹轴时,一般要求探测器敏感面随之一起偏转,以保证目标像点始终聚焦在探测器敏感面上,使探测器输出信号幅度不变。

对于多元脉位调制式红外探测系统,为识别目标在空间的方位,需要比较目

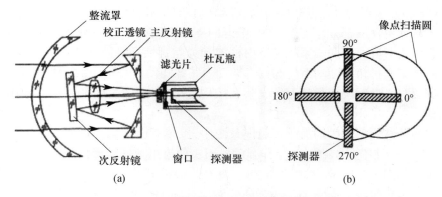

图 3.6　多元脉位调制式红外探测系统典型组成结构

标脉冲信号和基准信号的相位关系。当光学系统旋转时,位于视场中心的目标像点将绕十字形探测器的中心旋转,像点每扫过一个探测元,将出现一个脉冲,且四个脉冲是等间隔的,和基准信号比较后不给出误差信号。而当目标偏离视场中心时,目标脉冲间隔将不相等,或脉冲数将减少,开始是四个脉冲,目标偏离增大时变为三个(图 3.6(b)),最后只出现一个脉冲,将这些脉冲出现的位置与基准信号进行比较,便可以确定目标相对于主光轴的方位。

　　比较上述两种点源探测系统,单元调制盘式探测系统结构简单,易于实现,成本低廉,具有空间滤波能力,缺点是灵敏度和空间分辨率低,作用距离近,单元探测器输出信息量少,抗人工干扰能力差;多元脉位调制式探测系统灵敏度和空间分辨率较高,作用距离较远,有一定的抗人工干扰能力,缺点是空间滤波能力差。

2. 稳定跟踪系统

　　对于离轴角(位标器光轴与弹轴之间的夹角)范围和跟踪角速度要求不高的红外点源导引头,稳定跟踪系统通常采用动力陀螺式系统。所谓动力陀螺实际上就是三自由度陀螺,红外光学系统安装在陀螺转子上,利用陀螺的定轴性实现导引头光轴的空间稳定,利用其进动性实现随动、搜索和跟踪,作用在陀螺平台上的干扰力矩和跟踪力矩由陀螺力矩平衡,不需要设计稳定控制回路。动力陀螺稳定平台按框架类型分为单万向支架式和双万向支架式两类。其中,单万向支架式系统按结构形式又可分为内框架式和外框架式两种。内框架式系统是将陀螺转子置于万向支架的内、外环(框架)和基座之外,光学系统安装在陀螺转子上,多采用无接触的电磁方法,即在转子上安装永久磁铁,在位标器外壳上布置电流线圈,利用电流线圈产生的电磁力矩驱动转子永磁体旋转和进动。外框架式系统是将陀螺转子置于万向支架之内,光学系统一般装在内环上,通过在内、外环轴上各装一套力矩电机和电位计驱动和控制陀螺转子的进动。双万向支架式系统包含两个万向支架,按两个万向支架之间的结构关系又可分为串联式和并联式两种。串联式系统是将内框架动力陀螺装在外万向支架的内框上,外万向支架通过角度随动系统与内框架动力陀螺随动。并联式系统中动力陀螺万向支架与光学系统所在的万向支架在结构上独立,两者之间通过角度随动系统随动。

在各种结构形式的动力陀螺稳定系统中,以单万向支架内框架式系统最有代表性,"响尾蛇"AIM－9B空空导弹的导引头便采用了这种形式的动力陀螺稳定平台。如图3.7所示,该平台由基座、外环、内环、转子和轴承等组成(其中基座、外环、内环组成万向支架),内环的外面通过轴承与杯形转子连接起来,即转子装在万向支架外面,光学系统、永久磁铁等构件则固定安装在转子上随转子一起旋转。外环相对于基座可以转动,内环相对于外环可以转动,转子可以相对于内环转动,所以转子相对于基座有三个自由度。其中,内环相对于基座转动的角度范围就是导引头陀螺转子轴的定向或跟踪范围,也称为框架角范围。设计时应保证转子及其负载的质心落在内、外环轴的交点(万向支架中心)上。

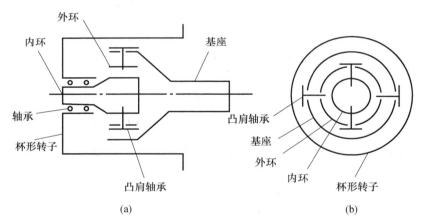

图3.7　典型动力陀螺稳定平台结构

动力陀螺稳定系统的组成结构复杂而精密,除上述平台台体外,一般还包括章动阻尼器、旋转系统、角度传感器、伺服(进动)机构、基准信号发生器、机械锁定机构等部分。

动力陀螺万向支架系统有一个固有缺点,只要在框架上有作用力就会产生章动,即陀螺的一种自由进动。章动可以由陀螺剩余的不平衡引起,也可以因进动力中的无用成分而引起。为了减小章动的影响,需要利用章动阻尼器来衰减和阻尼章动。章动阻尼器有液体阻尼器、机械阻尼器、电阻尼器等,多数采用在陀螺转子上同心安装圆形水银阻尼盘的方法阻尼章动,这种装置只在章动幅度最大时产生最大阻尼,而在小于阈值幅度时阻尼很小。

旋转系统即陀螺电机,用于驱动陀螺转子高速、稳定旋转,这样就可以利用陀螺的定轴性实现导引头光轴指向的稳定。旋转系统多采用无刷直流电机,由转子永久磁铁、定子旋转线圈、旋转电路、调制线圈等部分组成。转子永久磁铁为椭圆形(长轴方向为磁轴方向),质量较大,其转动惯量一般要占到整个转子的 1/2 左右。定子旋转线圈包括上、下、左、右正交分布在位标器壳体上的四个径向绕制的扁平线圈,当四个线圈中依次通以电流时可以产生旋转磁场,永磁体转子在该磁场电磁力矩的作用下便可以实现高速旋转。调制线圈也包括四个正交分布的线圈,用于检测永久磁铁磁轴的位置,为旋转电路提供换向信号。

角度传感器用于测量离轴角,即陀螺旋转轴(位标器光轴)与导引头纵轴(弹轴)之间的夹角。离轴角测量信号既用于电锁,使光轴锁定在弹轴上,又是陀螺随动、搜索的反馈信号,使光轴与弹轴或火控系统随动,以便捕获目标。极坐标系的角度传感器多采用感应线圈,也称电锁线圈。该线圈绕弹轴绕制在陀螺电机定子上,随陀螺转子旋转的永久磁铁在感应线圈中产生交变的感应电动势,其幅度和相位可以定量反映离轴角的大小和方向。直角坐标体系的角度传感器多采用电位计或旋转变压器,安装在内、外环轴上。

伺服机构的功能是在电子舱相关电路控制下,驱动陀螺转子进动,以使位标器光轴电锁、随动、搜索,以及在捕获目标后自动跟踪目标。极坐标体系多采用电动伺服机构,由陀螺转子永久磁铁和在位标器壳体上绕弹轴绕制的进动线圈组成。进动线圈中通以频率等于转子旋转频率的交变电流时,产生的交变磁场与转子永磁体的磁矩相互作用,将使转子受到电磁力矩而进动。直角坐标体系多采用气动伺服机构或电动伺服机构。气动伺服机构将气压变换为力矩作用到陀螺内、外环上,进而驱动陀螺进动,一般由高压气源、电磁阀、作动筒、连杆等构成。电动伺服机构多采用无刷直流力矩电机,直接或间接加在陀螺内、外环轴上。

位标器测得的目标失调角信号包含有大小和相位信息,为了将极坐标形式的失调角信号转换为直角坐标系信号,需要利用弹体测量坐标系的基准信号对失调角信号进行鉴相处理。一般利用电磁感应方法产生基准信号,相应的基准信号发生器由固定在位标器壳体上的两套四个正交分布的径向基准线圈和转子永久磁铁组成。当转子旋转时,永久磁铁的磁力线切割基准线圈,在线圈中感应产生两个相位相差 90°、频率与转子旋转频率相同的基准电压信号。

机械锁定机构利用机械力将陀螺转子锁在弹轴方向上,使光轴和弹轴一致,用于位标器定轴瞄准或防止因运输冲击损坏位标器的光学组件或运动部件。常利用机械、气动或电磁原理来实现,主要有离心锁制器、磁轭式锁制器、气动锁制器、电磁锁制器等。

动力陀螺稳定系统的优点是结构简单紧凑、部件少、体积小、空间利用率高、成本低,通光孔径也便于做大以提高导引头灵敏度;缺点是由于陀螺转子动量矩大,不易实现大的进动角速度,离轴能力也较小,适用于对跟踪角速度、随动角速度和离轴角要求不高的场合。

3.2.3　红外成像导引头

红外成像寻的制导是基于目标及其背景的红外热图像,实现对目标的探测、识别、捕获和跟踪。根据成像方式的不同,红外成像寻的制导导引头分为光机扫描成像导引头和凝视成像导引头两种。光机扫描成像导引头采用单元、多元或线列红外探测器,通过机械可动机构,使探测器视场顺序扫描物方空间获得目标及其背景的红外热图像。凝视成像导引头无需机械扫描,而是利用大规模红外探测器阵列直接对相应视场的物方空间成像获得红外热图像。

1. 红外探测系统

与红外点源导引头的探测系统相比,红外成像导引头的探测系统既没有调制机构,探测器也不同。对于光机扫描成像导引头,多采用长线列红外探测器,折反式望远镜光学系统中的次反射镜多为可进行一维扫描的摆镜,在扫描器的驱动下,可在垂直于探测器线列方向摆动,使相应物方视场依次扫过探测器,从而获得景物的二维红外热图像。因此,光机扫描成像导引头的探测系统需要有相应的扫描器,用于实现探测器视场对物方空间的扫描以获得二维图像。常用的扫描方式除了上述利用次反射镜的一维摆动实现线性扫描以外,还可以利用反射镜倾斜旋转实现圆锥扫描。对于凝视成像导引头,采用大规模的红外探测器阵列,则无需扫描机构,可将物方视场内景物直接成像于二维阵列探测器上,探测系统结构更加简单。

对于红外成像导引头的探测系统,其线列或面阵探测器件的像元尺寸和间距要比红外点源导引头探测系统的调制盘格子和多元探测器件的宽度小得多,探测灵敏度和分辨率显著提高,相应地,对光学系统成像质量的要求要比红外点源导引头高得多,一般要求红外成像光学系统的像质要达到或接近衍射极限,这是与红外点源导引头光学系统的主要差别之一。红外成像导引头的光学系统也以折反式居多。图3.8所示为两种典型的折反式红外成像光学系统,相当于望远物镜,如果采用面阵探测器,则系统中所有镜片都是固定的,如果采用线列探测器,则系统中的次反射镜为可进行一维扫描的摆镜。

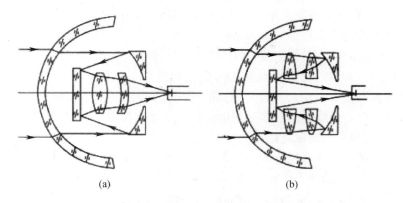

(a)　　　　　　　　　　　　　　　　(b)

图 3.8　两种典型的折反式红外成像光学系统

目前的红外成像探测器组件一般都带有所谓焦平面处理电路,这是焦平面阵列(Focal Plane Array,FPA)探测器所特有的,它与探测器芯片直接耦合集成在一起,装在杜瓦瓶的焦平面上,与探测器芯片一起被制冷,属于探测器组件的一部分。由于红外成像探测器的敏感元数已从几百到几十万个,探测器的输出信号必须在杜瓦瓶内焦平面上进行预处理,包括信号采集、积分时间控制、时间延迟积分、放大、多路转换和传输、缓冲等,这就是焦平面处理电路。它和探测器的每一敏感元耦合在一起,位置几乎和敏感元在同一平面上,主要包括单元前置放大器、信号处理器、多路传输器、输出视频放大器等。焦平面处理电路使大规模线列和面阵探测器的信号输出成为可能,将不同位置的敏感元同一时间采集的信号变成按一定时序输出的一路或多路信号。为了保证敏感元的位置与时序一一对应,必须给焦平面处理电路输入一系列同步脉冲和偏置信号,以保证能正确驱动焦平面处理电路和探测器工作。

比较两种红外成像探测系统,光机扫描成像探测系统的优点在于,线列探测器的均匀性更好,线性范围大,不易饱和,敏感元间隔较大,不易产生串扰,另外,线列器件更容易实现双色成像探测,有利于提高抗干扰能力,缺点是光机扫描机构较复杂;凝视成像探测系统的优点是视场较大,可以达到更高的帧频(可达100Hz 左右),灵敏度、空间分辨率、成像质量更高,结构简单,缺点是成本较高,对系统噪声抑制的要求更高。

2. 稳定跟踪系统

对于要求离轴角大、跟踪角速度快的红外成像导引头,稳定跟踪系统多采用速率陀螺式系统。速率陀螺稳定跟踪系统简称速率平台,一般为二自由度或三自由度框架结构形式,由台体(含框架)、速率陀螺、角度传感器、校正网络(或称调节器)、驱动功率放大器、力矩器、传动机构等组成。全部或部分光学系统装在台体上,台体在各框架力矩器的驱动下可绕相应的框架轴转动,作用在平台上的干扰力矩和惯性力矩由伺服力矩抵消,台体相对于惯性空间的角运动速度由安装在台体上的速率陀螺测量,各框架间相对转动角度由相应的角度传感器测量。速率平台常用的力矩器有直流永磁力矩电机、直流或交流伺服电机两类。力矩器多采用直接驱动,在位标器内部空间受限时,也可选用连杆传动、齿轮传动或钢丝传动。角度传感器多采用电位计或旋转变压器。常用速率陀螺有机械陀螺、光纤陀螺和微机械陀螺。

红外成像导引头常用的速率平台有单万向支架两轴速率平台、双万向支架两轴速率平台、三轴速率平台三种,其中,三轴速率平台是在两轴平台的基础上增加一个横滚轴,以增加弹体横滚隔离度和增大框架回转角。在各种速率平台中,以单万向支架两轴速率平台结构最为简单,应用最为普遍。单万向支架两轴速率平台的典型结构如图3.9所示,内环框架上安装有光学系统、探测器、前置电路和速率陀螺等,内环力矩器驱动台体绕内环轴转动,由内环角度传感器测量转角,外环力矩器驱动台体绕外环轴转动,由外环角度传感器测量转角。

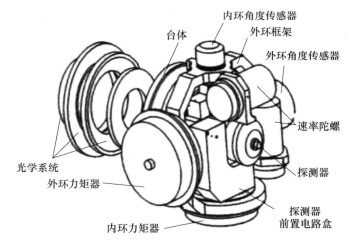

图3.9　单万向支架两轴速率平台典型结构

速率平台是红外成像导引头探测系统的载体,可以实现位标器光轴的随动、搜索、跟踪和空间稳定。速率平台稳定跟踪回路及稳定跟踪原理如图3.10所示,其中,校正网络、功放、力矩器、台体、速率陀螺等组成稳定回路(或称速度回路),角误差检测环节、误差信号处理环节、校正网络、功放、力矩器、台体、积分环节、角度传感器等组成跟踪回路。由弹体摆动等各种原因引起的干扰力矩,会使平台台体产生相应扰动角速度,可由装在台体上的速率陀螺测量并负反馈至稳定回路输入端,使力矩器产生与干扰力矩作用相反的力矩以抵消干扰力矩,从而使台体和位标器光轴指向保持稳定。由于红外导引头视场较小且作用距离有限,作战时一般是由火控系统首先发现目标,然后引导导引头指向并捕获目标,这里位标器光轴跟随火控系统运动的过程即为随动。在随动或搜索过程中,跟踪回路以角度指令信号为输入,各框架角度传感器测量信号为反馈,驱动台体和光轴实现随动或搜索。随动、搜索指令一般来自火控系统。在跟踪过程中,由红外探测系统不断测量目标角误差信号,经误差信号处理、校正、功率放大后,驱动力矩器带动台体转动,使光轴跟踪目标。

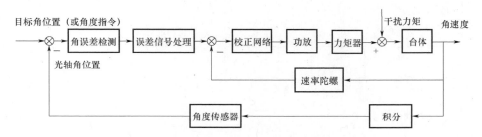

图 3.10 速率平台稳定跟踪回路及稳定跟踪原理

与动力陀螺稳定跟踪系统相比,速率平台的优点是,能够实现更大的跟踪角速度和离轴角,负载能力大且对负载对称性要求不严格;主要缺点是组成部件多、结构复杂、体积大、成本高,适合于负载大、跟踪角速度高、离轴角范围大的应用场合。

3. 目标信号处理系统

红外成像导引头在目标信号处理方面与点源导引头有较大差别。红外成像导引头的目标信号处理系统包括图像生成分系统和图像处理分系统。图像生成分系统是将红外探测系统输出信号转换成数字图像信号,得到尽可能真实反映景物红外辐射亮度分布的图像。图像处理分系统是在实时图像中区分目标、背景和干扰,捕获并跟踪目标,提取目标角误差信号,送至稳定跟踪系统以实现跟踪,提取弹目视线角速度等导引信号,送至导引指令形成系统。

图像生成分系统的硬件电路主要包括模拟视频信号处理、时序电路、A/D转换电路、非均匀性校正电路等,如图 3.11 所示。模拟视频信号处理是指从红外探测器输出到 A/D 转换前的信号处理,主要内容包括增益/带宽调理、直流电平调整以及干扰和噪声抑制等方面。模拟视频信号处理的一部分在前置电路,前置电路与探测器紧密连接,一般位于位标器内稳定跟踪平台上,其功能是将焦平面探测器所需的驱动信号和直流偏置送入探测器,对探测器输出的模拟视频信号进行初步放大和缓冲隔离,以便于后续传输。图像生成分系统的其余电路置于电子舱内。时序电路的功能是产生焦平面探测器驱动时钟信号、A/D转换采样信号、系统同步信号、像素行列地址信号以及信号处理时所需的其他时序信号。非均匀性指的是外界辐射亮度分布均匀时红外焦平面阵列探测器各敏感元输出的不一致性,在图像上表现为固定的图案噪声或空间噪声(例如,一般情况下MCT焦平面阵列探测器的非均匀性可达10%～30%),如果不校正则会严重影响图像处理效果和降低导引头灵敏度。非均匀性校正电路即用于校正这种非均匀性,常用校正方法有两点校正法、时域高通滤波法等。图3.11中所示的制式转换电路是可根据需要选用的电路,用于将系统时序转换为电视制式时序,将数字图像信号转换为模拟图像信号,并合成全电视信号,以供显示器显示图像。

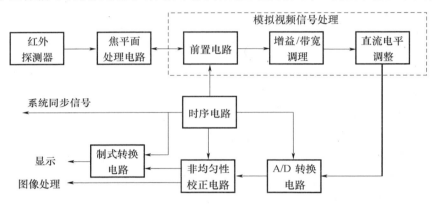

图3.11　红外成像导引头图像生成电路

图像处理分系统包括图像处理算法软件以及实现算法的计算机平台,核心是图像处理算法。红外成像导引头的图像处理流程如图3.12所示,包括预处理、图像分割、特征提取、目标识别和目标跟踪等。为了将目标从复杂的背景和干扰中区分出来,首先需要对图像信号进行预处理,包括时域滤波和空间滤波。通过预处理,可以抑制图像噪声,削弱背景干扰,增强目标对比度和边缘等图像特征,使后续的目标检测处理易于实现。图像分割是将图像分为目标、背景、干扰等区域。根据所使用的图像特征,分割方法可分为灰度阈值分割法、边缘分割法和区域分割法等。特征提取是对图像分割后形成的每个区域计算一组表征其可鉴别性的特征量,以便于目标的分类识别。目标特征包括统计特征、结构特征、运动特征和变换特征等。目标识别是根据某种相似性度量准则,从分隔出的各个区域中选出与目标特征最为相近的区域作为目标。通过目标识别,将真目标与人工干扰和背景区分开。目标识别方法有统计模式识别法、神经网络法和模糊理论等。在跟踪目标时,为了减小运算量和排除干扰影响,通常采用一个窗口(称为波门)将目标套住,这样可以把窗口外的背景、噪声和人工干扰排除在外,使之不影响对目标的正常跟踪。波门的大小一般随目标面积的变化而变化,并与目标的运动速度相匹配。常用目标跟踪算法包括中心跟踪、相关跟踪、多模跟踪和记忆外推跟踪等。中心跟踪选择目标的中心或某个特征点作为跟踪点,包括点跟踪、形心跟踪、质心跟踪、边缘跟踪等方法。相关跟踪是在实时图像中寻找与预先设置的图像模板最相似的子区域,将其位置作为跟踪点。常用的相关跟踪算法有归一化相关积法、平均绝对差法、序贯相似性检测算法和多子区灰度相关算法等。多模跟踪同时运用几种跟踪算法,输出各自的跟踪信息,然后根据某种运算得到总的跟踪信息,具有更强的自适应能力和抗干扰能力,有利于提高目标的跟踪概率。记忆外推跟踪是指,在跟踪目标过程中,如果目标被短暂遮挡,可以根据目标在当前帧和前几帧的位置外推出下一帧的位置,进而实施跟踪的方法。其依据在于,目标与导弹的相对运动有一定的规律,目标在下一帧的状态(位置、速度、加速度和面积等特征)与当前帧和前面几帧的状态有关,因此可以利用过去和当前的目标状态预测和估计以后的状态。状态估计的常用方法有线性预测法、平方预测法、$\alpha - \beta$ 预测法和卡尔曼滤波法等。在跟踪状态下,求出目标跟踪点与图像视场中心的位置差即可得到目标角误差(也称跟踪误差或脱靶量),角误差信号送至速率平台,即可控制位标器实时跟踪目标。

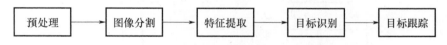

图 3.12   红外成像导引头图像处理流程

与非成像的点源寻的制导相比,红外成像寻的制导的空间分辨率、作用距离、抗干扰能力特别是抗人工干扰能力都有显著提高,对各种冷目标和复杂背景下的目标都可以识别。

3.3   电视制导导弹

3.3.1   概述

电视制导是指利用电视摄像机作为目标传感器,通过探测目标反射的可见光获取目标信息的制导技术。电视制导主要有电视遥控制导和电视寻的制导两类。

电视遥控制导的导引系统有部分或全部设备位于导弹以外的制导站,在导弹飞行过程中,由制导站通过发射导引指令遥控导弹飞向目标。电视遥控制导有两种具体实现方式:一种是将电视摄像机放在制导站,这时导引系统观测目标的基准在制导站;另一种是将电视摄像机装在导弹头部,这时导引系统观测目标的基准在弹上。无论是哪种方式,都是由电视摄像机摄取目标(包含背景)图像,传送、显示在位于制导站的监视器上,由操控人员通过观察监视器上的图像,根据导引律形成导引指令,再向导弹发送出去,弹上的指令接收装置收到导引指令后,由控制系统依据导引指令调整导弹飞行状态,修正飞行弹道,直至命中目标。

电视寻的制导的导引系统全部装在导弹上,称为电视寻的制导导引头,由它摄取目标可见光图像,经过处理形成导引指令,再送给控制系统以控制导弹的飞行状态。电视寻的制导属于被动寻的制导,隐蔽性好,不易被侦察和干扰,同时由于采用可见光成像探测方式,分辨率和跟踪精度高,目标识别能力强,而且系统体积小、重量轻、性价比高,因此与红外寻的制导一样成为精确制导技术中的一个主要分支,多用于空地导弹的末制导,以美国的"幼畜"AGM – 65A/B 系列空地导弹为典型代表。这里重点介绍电视寻的制导。

电视寻的制导导引头主要由透光罩(整流罩)、电视摄像机、导引信息处理系统、伺服稳像平台等部分组成,如图 3.13 所示。

图 3.13　电视导引头组成

透光罩在导弹的最前端,与导弹外壳密封连接为一体,它既是导引头光路的一部分,要满足光学性能要求,也是弹体的一部分,要满足导弹气动外形、强度、刚度等要求。透光罩多采用球形曲面或椭圆曲面的一部分,球心位于弹轴上或椭圆长轴与弹轴重合。透光罩材料多用光学石英玻璃或 K9 光学玻璃,并在表面镀氟化镁等增透膜以增大可见光波段透过率。

电视摄像机是电视导引头的敏感探测单元,部分或全部安装在伺服稳像平台上,用于接收外界景物反射的可见光辐射并成像于摄像靶面上,再将其转换为相应的全电视视频信号送给导引信息处理系统。电视摄像机主要由光学系统、电视摄像器件、视频信号处理电路等部分组成,其中,光学系统用于收集来自景物的可见光辐射并成像于电视摄像器件的摄像靶面上,电视摄像器件用于将可见光图像转换为时序视频信号,视频信号处理电路对视频信号进行处理,包括自动增益控制、校正、与行/场同步信号和消隐信号合成、功率放大等,最后得到全电视信号。根据所用电视摄像器件的不同,电视摄像机分为摄像管电视摄像机和 CCD 电视摄像机两类,由此电视导引头可分为摄像管电视导引头和 CCD 电视导引头两类。

导引信息处理系统对电视摄像机送来的全电视视频信号进行综合处理,主要内容包括模拟图像信号处理、A/D 采样转换、数字滤波或平滑去噪、图像分割、特征提取、目标识别、目标角误差信号提取、导引指令生成等,同时根据导引头的工作状态,控制伺服稳像平台带动电视摄像机进行目标搜索或跟踪,并将导引指令送至导弹控制系统。

伺服稳像平台是电视导引头搜索、跟踪目标,隔离弹体扰动、实现空间稳像的具体执行机构。电视导引头伺服稳像平台的结构形式主要分为两类:①摄像机主体固定在弹体上,相对弹体不运动,通过控制光路中的平面镜或棱镜转动,实现航向搜索、跟踪和俯仰稳定。摄像管电视导引头多采用这种形式。②摄像机相对弹体运动,即摄像机在速率陀螺稳定平台带动下直接对目标视场搜索、跟踪并实现光轴稳定。CCD 电视导引头多采用这种形式。

早期的电视导引头均为摄像管电视导引头。随着 20 世纪 80 年代以来 CCD 电视摄像机逐步取代摄像管电视摄像机,CCD 电视导引头已成为电视导引头的主流体制。摄像管电视导引头和 CCD 电视导引头的主要差别除了采用不同的电视摄像机以外,还在于与此相关的伺服稳像机构、调光机构等设计,以下分别介绍两类电视导引头。

3.3.2　摄像管电视导引头

摄像管电视导引头采用摄像管电视摄像机获取外界景物的可见光图像。摄像管电视摄像机主要由光学系统、电视摄像管、视频信号处理电路等部分组成。来自外界景物的可见光辐射通过光学系统成像在电视摄像管的摄像靶面上,通过靶面的光电转换和电子束扫描,摄像管输出相应的视频图像信号电流,经视频信号处理电路放大、处理后,输出表征外界景物可见光亮度分布的全电视信号。一般摄像管电视摄像机的组成和工作原理会在第 7 章详细介绍,这里重点介绍摄像管电视导引头中特殊的光学系统以及伺服稳像机构设计。

在导弹飞行过程中,外界景物的可见光照度变化很大,约在 $1 \times 10^2 \sim 8 \times 10^4$ lx 的范围内,而电视摄像管的摄像靶在强光下很容易被灼伤,例如,硅靶摄像管靶面照度只允许在 0.5～5lx 的范围内,因此在摄像管电视导引头的光学系统中,调光机构(或称照度控制机构)是不可或缺的组成部分,这是与其他应用场合的一般摄像管电视摄像机的主要差别之一。调光机构一般包括中性衰减片、镜头光圈及其控制机构等,用于将外界景物可见光照度调整到摄像管靶面允许照度范围内,使电视摄像机能够适应外界照度的大范围变化,确保导引头可在不同的太阳方位、目标方位和距离以及千变万化的自然气象条件下稳定地提取目标信号。其中，中性衰减片用于粗调照度，将照度衰减到光圈调整范围内，可通过人工切换或自动控制完成，光圈用于细调照度，由光圈控制电路自动控制步进电机改变光圈大小而实现。

由于摄像管电视摄像机的体积和重量较大，不容易直接控制其相对弹体运动以搜索、跟踪目标，也难以实现直接稳定，因此在摄像管电视导引头中，伺服稳像平台多采用固定摄像机主体、控制光路中平面镜或棱镜转动的方式实现航向搜索、跟踪和俯仰稳定。

双平面镜系统是摄像管电视导引头常用的一种实现航向搜索、跟踪和俯仰稳定（或跟踪）的系统，其总体布局如图 3.14 所示。电视摄像机固定在弹体上，光学镜头和摄像管形成的轴线与弹轴（x 轴）平行，并有一定距离。两块相互平行、与弹轴成 45°角的平面反射镜安装在镜头与透光罩之间的光路中，组成一个折反式光学系统。在镜头前面的平面镜装在弹体上固定不动，称为固定镜。另一块平面镜位于弹轴上，通过轴承与可相对弹体转动的两轴框架连接，可以进行航向和俯仰两个方向的转动，称为转动镜。与弹轴垂直的水平轴为俯仰轴（z 轴），与 x 轴和 z 轴垂直的地垂线轴为航向轴（y 轴），转动镜在由电机、减速器、连杆机构等组成的伺服机构驱动下绕 y 轴转动，利用光的反射特性，可以实现航向搜索和跟踪，绕 z 轴转动，可实现俯仰稳定（或跟踪）。

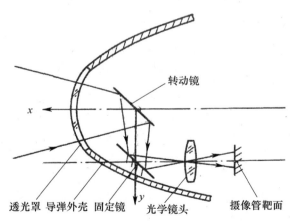

图 3.14　双平面镜系统总体布局

导弹进入目标区后发出搜索指令，转动镜绕 y 轴左右往返转动，转角由航向电位计反映。转动镜绕 y 轴做往返转动时，从镜头中看到的现象，是目标视场相对镜头做往返运动，这就相当于镜头绕 y 轴对目标视场做往返转动，于是实现了航向搜索。在搜索过程中,导引信息处理系统实时处理包含目标及其背景的全电视信号,在识别目标后捕获,导引头由搜索状态转入跟踪状态。在跟踪过程中,导引信息处理系统实时处理输出目标视线相对于摄像管靶面中心的角位置偏差信号,经功率放大,通过航向伺服机构控制转动镜转动,使导引头光轴向目标视线靠拢,直至两者重合。这时导引头光轴与弹轴一般也不重合,其夹角由航向电位计提供给导弹控制系统,进而控制舵机修正导弹飞行状态,使弹轴向光轴靠拢。

通常摄像机镜头垂直方向视场角比较小,为 3°左右,当导弹在飞行过程中因气流等原因发生颠簸挠动时,目标可能会偏离出视场外。为保证电视导引头在搜索、跟踪过程中,在俯仰方向上摄像机镜头始终覆盖目标,常常在弹体上固定安装有可敏感俯仰角度的垂直陀螺。当导弹由于挠动引起低头或抬头时,垂直陀螺测出弹体俯仰角度,与安装在俯仰轴上的俯仰同位器输出值进行比较,其差值信号经过放大,通过由俯仰电机、俯仰减速器、俯仰连杆和框架等组成的俯仰稳定机构,控制转动镜绕 z 轴转动,转动角度与导弹低头或抬头的角度大小相等、方向相反,从而可实现俯仰方向的稳定。

3.3.3　CCD 电视导引头

CCD 电视导引头采用 CCD 电视摄像机获取外界景物的可见光图像,一般 CCD 电视摄像机的组成和工作原理将在第 7 章中详细介绍,这里仅对电视导引头中应用的 CCD 电视摄像机的主要设计特点作重点介绍。

电视导引头中应用的 CCD 电视摄像机一般由连续变焦光学镜头、变焦机构、调光机构、CCD 电视摄像器件、视频信号处理电路及光学控制电路等部分组成,如图 3.15 所示。

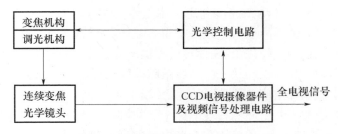

图 3.15　电视导引头 CCD 摄像机组成

为适应导弹上的使用环境,CCD 电视导引头中摄像机的光学系统一般设计为透射式的连续变焦光学镜头,包括前固定组、变倍组、补偿组、后固定组等光学透镜组,变焦功能是通过变倍组的前后移动,并由补偿组进行光路补偿来实现的。当变倍组沿光轴做线性往复运动时,系统焦距发生变化,但成像像面也会移动。为了使像面保持不变,在变倍组移动的同时,补偿组按非线性规律移动,以补偿像面的移动。变倍组和补偿组的移动相互关联,利用精密凸轮机构来控制。变焦控制可采用手动或自动的电控模式。光学镜头的变焦电机在光学控制电路的控制下,根据目标在视场中成像的大小,驱动变倍组和补偿组移动,使目标在各种距离下成像大小适中,有利于导引头对目标的捕获和跟踪。

CCD电视导引头中摄像机通常采用自动调光设计,以适应导弹飞行过程中外界景物照度的大范围变化。调光多采用改变光阑大小和CCD器件电子快门积分时间的组合模式。调光机构包括可变光阑和CCD电子快门,光学控制电路可以自动根据外界景物照度亮暗,驱动光阑旋转,使光学系统的通光孔径变化,并同时向CCD送出电子快门控制信号及行场同步信号控制CCD的积分时间,使光阑和电子快门达到最佳配合,从而使探测器敏感面在光强变化很大的范围内均能获得最佳照度,使后续处理电路可以获得最佳的图像对比度。

光学控制电路是CCD电视导引头摄像机的核心电路之一,主要完成自动调光和变焦控制。光学控制电路通过对直方图统计后的视频图像信号进行分析评判,同时收集光学系统焦距、光阑等指示信息,对光阑电机、变焦电机及CCD进行闭环控制。

由于CCD电视摄像机体积小、重量轻,容易实现直接摆动,因此CCD电视导引头的伺服稳像平台多采用速率陀螺稳定平台。平台组成结构与红外成像导引头常用的单万向支架两轴速率平台一样,主要包括万向支架、力矩电机、角度传感器、速率陀螺等部分。万向支架由内环和外环两个框架构成,分别对应俯仰和方位两个方向的运动,其中内环用于安装电视摄像机,外环安装在基座上,两环的转动轴正交。两环由装在相应轴上的力矩电机驱动,转动角度由相应的角度传感器测量。平台转动角速度利用速率陀螺测量。CCD电视导引头的稳定跟踪原理也与红外成像导引头一致。平台控制电路根据系统工作状态、操作指令、目标角误差、速率陀螺输出、角度传感器输出等参数,自动控制平台两环轴上的力矩电机转动,以实现导引头的搜索、跟踪以及光轴的空间稳定。

由于导引头内部空间狭小,也为了提高系统可靠性,CCD电视导引头的导引信息处理系统通常是将图像处理电路、光学控制电路和平台控制电路集成于一体,共享部分硬件平台,尽可能减少各电路之间的连接线。其中,图像处理电路的主要功能包括模拟图像信号滤波、A/D转换、数字图像信号滤波、图像分割、特征提取、目标识别、目标跟踪、目标角误差信号提取等;光学控制电路用于调光、变焦相关处理和控制;平台控制电路用于实时采集角度传感器、速率陀螺等传感器数据并处理,产生对力矩电机的控制信号,完成对伺服稳像平台的伺服控制。将图像处理电路、光学控制电路和平台控制电路集成设计,不仅可以使导引头结构更加紧凑,有利于减小体积和重量、提高可靠性,也便于调试和维修。

3.4　激光制导导弹

3.4.1　概述

激光制导利用激光作为目标探测手段,主要有激光驾束制导和激光寻的制导两类。

激光驾束制导属于遥控制导,其导引系统由位于导弹以外制导站的光学瞄准系统、激光束投射系统和位于弹上的激光接收系统等部分组成。光学瞄准系统用于操控人员发现和瞄准目标,为驾束制导提供瞄准线。激光束投射系统包括激光器、光束调制编码器和光束发射系统等,其中,光束调制编码器是驾束制导的核心,用于实现激光束在横截面内的空间编码,使激光束带有方位信息,光束发射系统则用于将激光扩束后发射出去,并可根据导弹距离远近实时调节光束发散角的大小。激光接收系统通常安装在导弹尾部,用于探测激光束,并通过解码得到导弹偏离瞄准线的方位误差,再形成相应控制指令。驾束制导要求在导弹发射点与目标之间可以通视,在导弹发射前,首先利用光学瞄准系统瞄准预定攻击目标,形成瞄准线,当目标移动时瞄准线不断跟踪目标。然后,沿着瞄准线发射空间编码的激光束,要求激光束中心线与瞄准线重合。当导弹沿瞄准线发射后,激光接收系统开机接收激光信号,通过解码,可以测出导弹偏离瞄准线的方向和大小,然后形成相应控制指令,不断修正导弹飞行弹道,控制导弹始终沿着光束中心线即瞄准线飞行,直至击中目标。

激光寻的制导是利用弹外或弹上的激光束照射目标,由弹上的激光寻的制导导引头通过探测经目标漫反射的激光信号以获得目标信息,进而跟踪目标和控制导弹飞行的制导技术。其中,照射激光源用于为激光导引头指示被攻击目标,称为激光目标指示器或照射器。根据激光目标指示器位于弹外还是弹上,激光寻的制导分为激光半主动寻的制导和激光主动寻的制导两种。由于激光目标指示器难以达到弹上设备要求的小型化程度,激光主动寻的制导还没有投入实际应用,目前广泛应用的是工作波长为 $1.06\mu m$ 的激光半主动寻的制导,以美国的"海尔法"(Hellfire,又译"地狱之火"或"狱火")空地导弹和"幼畜"AGM – 65E 空地导弹为典型代表。以下介绍激光半主动寻的制导。

3.4.2　激光目标指示器

弹外的激光目标指示器是激光半主动寻的制导导弹系统的重要组成部分,

用于向被攻击目标发射激光束,为激光寻的制导导引头指示目标。激光目标指示器主要由激光器、发射光学系统和目标瞄准系统等部分组成,多数情况下还具有跟踪、测距系统。其中,激光器多采用 Nd:YAG 激光器。为了保证在复杂的战场环境中,激光导引头能够正确识别已方所指示的目标并能有效对抗来自敌方的干扰,要求激光目标指示器能够产生编码激光脉冲信号,为此激光脉冲编码器也就成为大多数激光目标指示器不可缺少的组成部分。

激光脉冲编码(Laser Pulse Coding)是激光目标指示器发射激光脉冲的一种时间变化规律,常用的有精确频率码、有限位随机周期脉冲序列编码(变间隔码)、脉冲调制码、等差序列码、伪随机码、脉冲宽度编码等编码方式。

精确频率码是指脉冲重复频率在整个照射周期内(一般为 20 ~ 30s)固定不变,且脉冲间隔精度很高的脉冲序列。这种编码实现最简单,也很容易被识别和复制,抗干扰性很差。

有限位随机周期脉冲序列编码也称变间隔码、跳频脉冲编码或有限位随机周期码。有限位随机周期码的脉冲序列具有一定的周期,但一个周期中各脉冲之间的间隔长度是变化的。图 3.16 所示为 4 位随机周期码,$t_0 \sim t_8$ 代表不同的制导激光信号脉冲,脉冲序列具有周期性,其中 $t_0 \sim t_4$ 是一个周期,$t_4 \sim t_8$ 是另一个周期,脉冲序列具有规律:$t_{i+4} - t_i = T, i = 0, 1, 2, 3, \cdots$。

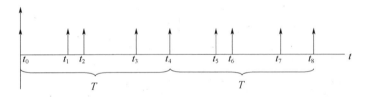

图 3.16　4 位随机周期码

脉冲调制码也称脉冲间隔编码或脉冲编码(Pulse Coding Modulation,PCM),是由 0、1 脉冲组成的周期脉冲序列,其中 0 代表无脉冲,1 代表有脉冲。重复频率为 20Hz 的 7 位 1001011 脉冲调制码如图 3.17 所示。实际使用最多的 PCM 码为 3 位、4 位两种。这种编码方式实现起来较简单,解码则较复杂,增加了敌方识别的难度,是激光目标指示器使用最多的编码方式之一。

等差序列码是一种有规律但可以实现在整个照射周期内不循环的编码方式。通常是脉冲间隔长度具有某种变化趋势,例如,以固定的公差 Δt 递增或递减,则由于公差的存在,致使每个脉冲间隔长度都不相同,进而在整个制导过程中脉冲序列不重复。

伪随机码是将制导信号与随机信号在时间上交叠在一起的一种编码。图

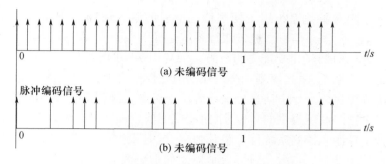

图 3.17　脉冲调制码

3.18 所示为一种实现伪随机码的方式,是在 5 位 10011 型 PCM 码的基础上,在两个脉冲之间插入一个或几个干扰脉冲,干扰脉冲插入的个数、时间都是随机的,目的是干扰敌方激光告警装备识别制导信号编码,而己方激光导引头由于不接收干扰脉冲,因此不影响制导。这种脉冲序列不循环,具有随机码的性质,敌方很难识别,抗干扰性最好,但编码实现起来较复杂。

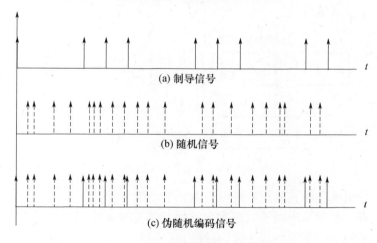

图 3.18　一种伪随机码实现方式

脉冲宽度编码是指对各脉冲的宽度进行调制,使各脉冲宽度不全相同的编码方式。

3.4.3　激光导引头

激光导引头通过探测由目标反射的激光信号,获得目标相对于导引头光轴的角位置信息,进而跟踪目标并形成导引指令送给导弹控制系统。激光导引头主要由激光探测系统、导引信息处理系统和稳定跟踪系统等部分组成,如图

3.19 所示。激光探测系统用于探测目标反射的激光信号并处理输出目标偏离导引头光轴的角误差信号。稳定跟踪系统是导引头搜索、跟踪的执行机构,同时还具有视轴(光轴)稳定功能。与红外点源导引头一样,激光导引头多采用动力陀螺稳定跟踪系统,激光探测系统装在动力陀螺平台上,利用陀螺的进动性和定轴性稳定跟踪目标。导引信息处理系统用于对激光探测系统输出的目标角误差信号和稳定跟踪系统提供的角位置、角速度等信息进行综合处理,进而控制动力陀螺平台带动激光探测系统稳定跟踪目标,同时根据导引律形成导引指令并传送给导弹控制系统。与激光目标指示器发射编码激光脉冲相对应,在激光导引头中还有相应的解码电路,用于分析识别接收到的激光脉冲信号的编码方式,与系统内装定码型进行比较,当与装定码型一致时为有效回波脉冲信号,则进行后级处理用于制导,否则为无效信号,不再进行后级处理。为了对抗敌方干扰,除了对激光目标指示信号进行编码以外,激光导引头常常同时采用设置脉冲录取时间波门即时间选通波门的方法,只有在己方激光制导信号脉冲到达时才开启波门,在波门关闭期间不接收任何信号。因此,在激光导引头中一般还包括有时间选通波门控制电路。

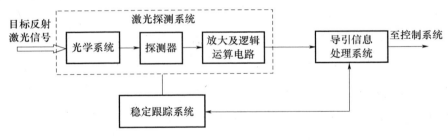

图 3.19　激光导引头组成

　　激光导引头的激光探测系统主要由光学系统、探测器、放大及逻辑运算电路等部分组成。光学系统用于收集来自目标的激光反射能量并会聚在探测器上。激光导引头的光学系统形式多样,有反射式、透射式、折反式等类型,不管哪种形式,都包含有整流罩(球形头罩)和窄带通滤光片等部件,其中窄带通滤光片只能透过 $1.06\mu m$ 波长附近的光辐射,可以在一定程度上排除背景和其他光源的干扰。探测器用于将接收到的激光能量转换成电信号输出。与红外点源导引头不同,激光导引头不用调制方式获取目标方位信息,而是利用多象限探测器来测量目标相对于光轴偏移量的大小及方位。最常用的多象限探测器是四元的,称为四象限探测器,其中探测元多用锂漂移硅光电二极管或雪崩式光电二极管,四个探测元处于直角坐标系的四个象限中,以光轴为对称轴,每个探测元代表空间的一个象限,典型情况是整个探测器直径为 1cm 左右,探测元之间的间隔为

0.1mm 左右。放大及逻辑运算电路则用于放大各探测元输出的电信号,同时通过逻辑运算,得到目标偏离光轴的角误差信号。

　　四象限探测器的探测原理如下。从目标反射的激光能量经光学系统会聚到四象限探测器上,通常为了避免聚焦后的激光能量过大而损伤探测器,探测器距光学系统焦平面有一微小距离即离焦量,这时在探测器上形成一个近似圆形的激光光斑。一般情况下,四只相互独立的探测元每只都能接收到一定的激光能量并输出相应的电流,电流大小与每只探测元上入射的激光能量成比例,也就是与相应象限被激光光斑覆盖的面积成比例。四象限探测器多利用和差电路处理信号,处理过程如图 3.20 所示。四个探测元的输出先分别由前置放大器放大,再经过和差电路的综合、比较及除法运算,得到俯仰和偏航两个通道的输出误差信号:

$$\begin{cases} y = \dfrac{(I_A + I_B) - (I_C + I_D)}{I_A + I_B + I_C + I_D} \\[3mm] z = \dfrac{(I_A + I_D) - (I_B + I_C)}{I_A + I_B + I_C + I_D} \end{cases} \qquad (3.1)$$

式中: I_A、I_B、I_C、I_D 分别为四个探测元的输出电流,代表四个探测元接收到的激光能量。如果目标中心与导引头光轴重合,那么激光光斑就在四个象限的中心,这时四个探测元的电流相等,误差信号为零;如果目标偏离光轴,则激光光斑就偏离四象限探测器的中心,激光能量在四个探测元上的分布不等,经和差电路运算后就会输出误差信号。对于非旋转弹,误差信号最后会送入导弹控制系统的俯仰和偏航两个通道,分别控制相应舵机偏转。对于旋转弹,则需要经坐标变换后再控制相应舵机偏转。在信号处理过程中用了除法运算,目的是使输出信号的大小不受目标距离远近或导引头所接收激光能量变化的影响。

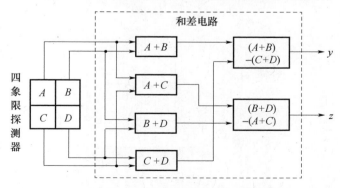

图 3.20　四象限探测器和差电路信号处理过程

除了上述传统的四象限激光探测系统，常用的还有一种双四象限激光探测系统。双四象限探测器由内四象限探测器和外四象限探测器组成，其光敏面分区如图3.21所示。其中，外四象限区相应的视场大，当激光光斑落在外四象限区时，目标进入捕获视场，外四象限各探测通道信号经逻辑运算和整形，输出脉宽、幅值一定的开关电压脉冲（0或1），直接加在功率放大

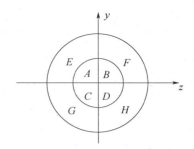

图3.21　双四象限探测器光敏面分区

器的输入端，系统采用开关方式工作；内四象限区相应的视场小，当激光光斑落在内四象限区时，经线性放大、和差运算、归一化处理，输出与目标角偏差成比例的电压信号，系统对目标进行线性跟踪。两区工作方式的转换是自动进行的，当目标在外区时，经过信号处理，输出相应控制信号给稳定跟踪平台，平台以较大的角速度向减小失调角的方向进动，将目标从外区视场引入内区视场，系统进入闭环跟踪状态，实现自动导引。

激光导引头的典型结构如图3.22所示。动力陀螺稳定跟踪平台的万向支架内环上通过轴承装有以永久磁铁为主体的陀螺转子，主反射镜固定在转子上随转子一起旋转。激光探测器装在内环上，探测器前加有滤光片。目标反射的激光能量经头罩后由主反射镜反射会聚在探测器上。在转子上还装有机械锁定器，用于在陀螺静止或旋转时使转子轴与弹轴重合。导引头壳体上则有旋转线圈、进动线圈、电锁线圈、基准线圈等电路线圈组成的线包。

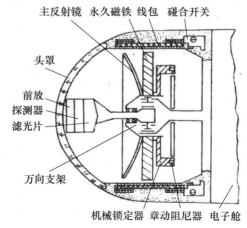

图3.22　激光导引头典型结构

3.5　雷达制导导弹

3.5.1　概述

雷达制导是指通过探测目标反射或辐射的电磁波(微波或毫米波)来获取目标信息的制导技术。雷达制导主要采用寻的制导方式。根据所探测电磁波的频段,雷达制导可分为微波雷达制导和毫米波雷达制导两类,两者差别主要在于器件不同,而系统组成、功能和工作原理基本相同。根据目标电磁波信号的来源,雷达制导可分为主动式雷达制导、半主动式雷达制导、被动式雷达制导以及雷达复合制导等几类。

主动式雷达制导是由导弹上的雷达导引头发射电磁波,并接收目标反射的回波,进而获取目标信息的制导方式。主动式雷达制导方式的优点是自主性好,使导弹具有"发射后不管"的特性,即发射导弹后,载机或导弹发射平台可实施机动以远离敌方火力区,同时这种制导方式受目标和环境条件的限制较小,作用距离远。这种制导方式的缺点是导引头技术复杂,实现难度大,而且容易暴露导弹自身,进而被干扰或反击。主动式雷达制导的典型应用如美国的"阿姆拉姆"(AMRAAM)AIM-120空空导弹、"幼畜"AGM-65H空地导弹和法国的"飞鱼"(Exocet)AM-39空舰导弹等。

半主动式雷达制导是由地面、舰船或飞机上的制导照射器发射电磁波照射目标,由导弹上的雷达导引系统接收来自目标的反射信号和来自照射器的直射信号,进而获取目标信息的制导方式。这种制导方式弹上导引头相对简单,且由于照射器的功率可以做得较大,因此作用距离较远。但由于导引头的工作依赖于弹外照射,独立性较差,在导弹攻击过程中,制导照射器必须一直照射目标,因此照射器平台容易被敌方侦察定位并受到火力反击。半主动式雷达制导的典型应用如美国的"麻雀"(Sparrow)AIM-7空空导弹等。

被动式雷达制导是指不对目标发射电磁波,只是通过接收目标本身辐射的电磁波或由天空和环境照射而被目标反射的电磁波来探测目标的制导方式。由于载机等导弹发射平台和弹上导引头不需要发射电磁波,因此隐蔽性好,抗侦察干扰能力强,且制导设备简单。但其探测性能和作用距离受限于目标的电磁波辐射或环境对目标的照射情况。这种制导方式主要用于反辐射导弹,利用地面雷达、雷达干扰机等辐射源目标发射的电磁波引导导弹摧毁目标,其典型应用如美国的"哈姆"(Harm)AGM-88反辐射导弹等。

雷达复合制导是指将主动式雷达制导、半主动式雷达制导、被动式雷达制导组合起来的制导方式。以常用的被动/主动雷达复合制导为例,远距离时导引系统工作于被动式,利用电磁波的单程传输,达到较远的作用距离,且具有隐蔽性,但导引精度相对较差,近距离时主动式导引同时工作,可以克服被动式导引精度差、抗目标辐射源关机能力弱的缺点,通过主、被动测量信息的融合处理,能够提高导引精度、可靠性及抗干扰能力。

与光电制导方式相比,由于雷达制导的发射功率大,接收灵敏度高,而且相应频段的电磁波在大气中传播性能好,因此作用距离要大得多,而且不受昼夜和天气条件限制,能全天候和全天时使用。同时由于天线波束较宽,适合于大范围搜索和捕获目标。雷达制导的主要缺点是制导精度不如光电制导方式高,而且由于雷达频段的电子干扰手段较多,技术较成熟,所以更容易被侦察和干扰。

3.5.2　主动式雷达导引头

主动式雷达制导是目前先进雷达制导导弹采用最多的制导方式。主动式雷达寻的制导导引头收发兼备,是一部完整的弹载雷达,以脉冲多普勒体制为主。脉冲多普勒雷达利用多普勒效应,根据运动目标与地面(或海面)杂波在相对速度和多普勒频率上的差别,从频域检测中将运动目标和地面杂波区分开,从而能在严重的地面杂波背景中分辨出目标。

主动式雷达导引头的工作体制主要涉及测向(或测角)体制和接收体制。测向体制主要有两类:一类是搜索测向,利用天线波束按照一定规律对相关空域进行扫描,在扫描过程中天线方向图因子对回波信号进行幅度加权,然后从幅度变化的信号序列中提取目标角度信息。常用的一种扫描搜索方式是圆锥扫描。这种测向体制的天线至少要扫描一周才能获得目标角度信息,所以对目标随时间的变化比较敏感。另一类是单脉冲测向,也称为瞬时测向。这类系统每发射一个脉冲,天线能同时形成若干个波束,通过对各波束信号的幅度、相位进行实时处理和比较可获取目标的角误差,即在一个脉冲期间内便可得到目标全部角位置信息,从而可避免目标随时间变化对测角的影响。由于单脉冲测向的数据率、分辨率和精度高,实时性强,因此多数雷达导引头采用单脉冲测向体制。雷达导引头的接收一般采用超外差接收体制。超外差体制是指,将天线接收的高频信号与频率源产生的本振信号混频,得到中频信号,再经中频放大、检波和低频放大后,提取出目标信息。与直接对高频信号进行放大处理的高频放大式接收体制相比,超外差体制的灵敏度高、增益大、频率选择性好且适应性强。这里以典型的单脉冲测向、超外差接收体制导引头为例介绍主动式雷达导引头。

主动式雷达导引头一般由天线罩、天线及馈电系统(简称天馈系统)、环形器(或收发转换开关)、微波接收机、中频接收机、信号处理器、信息处理系统、频率源、发射机、伺服稳定系统等部分组成,如图 3.23 所示。其中,天馈系统、微波接收机、中频接收机、信号处理器、信息处理系统、频率源、发射机等部分组成速度跟踪回路或速度跟踪系统,完成对目标速度的预定、搜索、捕获和跟踪,提取导弹 – 目标相对运动的径向速度等信息;天馈系统、微波接收机、中频接收机、信息处理系统、伺服稳定系统等部分组成角度跟踪回路或角度跟踪系统,实现对目标在角度上的预定、搜索、捕获和跟踪,并测量目标视线角速度、天线方位角、目标视线相对于天线瞄准轴线的失调角等。

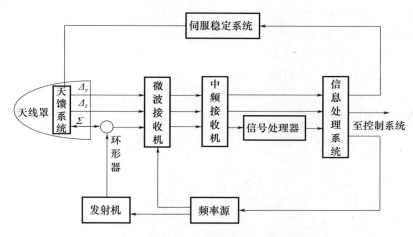

图 3.23　主动式雷达导引头一般组成

天线罩也即导弹的整流罩,位于导弹头部,既是透过电磁波的窗口和导引头的保护装置,又是导弹气动外形的重要组成部分。天线罩材料主要有陶瓷材料、有机复合材料两类,其中陶瓷材料又有石英陶瓷(熔融硅)、微晶玻璃、氮化硅等几种。天线罩常用的外形有正切卵形、正割卵形、幂指数形等。

天馈系统的主要功能有两个:一是能量转换功能,天线可将馈线中导行的电磁波转换为向自由空间辐射的电磁波,也可将天线收集到的电磁波转换为在馈线中导行的电磁波;二是定向功能,天线发射或接收电磁波具有方向性,可将电磁波能量集中在窄波束内发射出去,并只接收特定方向传来的电磁波。雷达导引头的天线形式由测向体制决定。搜索测向体制常采用圆锥扫描天线。对于圆锥扫描常用的抛物面天线,如果天线馈源偏离抛物面反射器的焦点,二次波束指向就会偏离天线瞄准轴线方向,馈源做圆周运动时,二次波束就会在自由空间绕天线轴线做连续圆锥扫描,在天线输出的信号包络中含有目标的角误差信息,包络幅度正比于目标偏离天线轴线角度的大小,包络相位含有目标偏离天线轴线方向的信息。单脉冲测向体制则采用单脉冲天线,利用多个子天线组成的天线阵产生多波束,在一个脉冲期间通过对各波束信号的幅度、相位进行实时处理和比较,可获取目标的角误差信息。

单脉冲测向体制雷达导引头的天馈系统包括单脉冲天线、单脉冲和差比较器和馈线等。最常用的单脉冲天线是平面型圆口径同相谐振式波导裂缝阵列天线,一般由铝合金板材切削加工并钎焊而成,其辐射阵面由若干段平行排列、宽边壁面中心线两边交替开有纵向并联谐振裂缝的矩形辐射波导构成,如图3.24所示。为了减小体积和重量,辐射波导通常采用窄边压缩的矩形波导。同相谐振裂缝阵面中每段辐射波导宽边上相邻两条裂缝中心位置相隔 $\lambda_g/2$(λ_g 为波导波长),波导两端在距最末一条裂缝中心位置 $\lambda_g/4$ 处短路(图3.24(b)),阵面上辐射波导宽边中心轴线之间的距离也为 $\lambda_g/2$。为了形成单脉冲和差方向图,通常用与竖直平面成45°的两条互相正交的直线把裂缝阵面分为四个象限,形成四个辐射子阵列,每个子阵列的辐射对应一个子波束,四个子阵列同时工作时形成天线方向图的和波束。

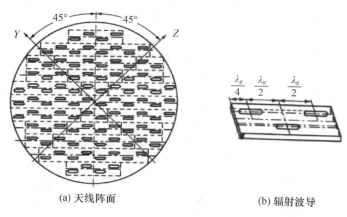

(a) 天线阵面　　　　　　　(b) 辐射波导

图3.24　波导裂缝阵单脉冲天线阵面结构

单脉冲和差比较器简称和差器,波导裂缝阵单脉冲天线多使用由四个平面型波导魔T组成的和差器,由四个子波束辐射或接收的四路信号连接到和差器。在发射信号时,发射机输出的大功率射频信号加到和差器的和端口,激励馈源产生单脉冲发射波束。在接收信号时,和差器由和端口输出和信号 Σ,由两个差端口输出方位差信号 Δ_y 和俯仰差信号 Δ_z,再送至微波接收机。其中,方位差信号和俯仰差信号的幅度分别代表目标偏离天线轴线的方位角和俯仰角的大小,和信号一方面用作提取角误差信息的信号基准,另一方面用于目标回波信号的多普勒频率(速度)跟踪。

环形器是一种使电磁波单向环形传输的器件,多采用铁氧体矩形波导 H 面

Y 形结环形器,用于收发共用天线收发通道之间射频信号的隔离,使天馈系统接收来的射频信号只能进入微波接收机,而来自发射机的射频信号只能经由天馈系统发射出去,不能进入接收机。

微波接收机用于对天馈系统接收到的微弱信号进行放大,并将射频信号变换为中频信号,主要由微波 PIN 开关、低噪声放大器、混频器、本振功分器、本振开关、前置中频放大器等部分组成。微波接收机有两种工作状态:在接收机接收期间,天线接收的三路微弱回波信号经低噪声放大器放大后进入混频器中,分别与来自频率源的本振信号进行混频,得到三路中频信号,再经前置中频放大器放大后提供给中频接收机。在发射机发射期间,通过环形器泄露的信号和由天线不完全匹配而反射的信号进入微波接收机中,此时 PIN 开关处于关断状态,大部分泄露功率被 PIN 开关反射回去,从而保护了放大器和混频器不被烧毁。

中频接收机对来自微波接收机的三路中频信号进行选择、放大、变频、解调等处理,为信号处理器和信息处理系统提供满足要求的输入信号。其中,选择是指从包含有目标、噪声和干扰的宽频带信号中选择出目标信号;放大是指将从微波接收机输入的微弱目标信号功率放大至后续处理要求的输入信号幅度,一般要放大 120dB 以上;变频是指为进行放大和其他处理,需要对信号进行二次变频,使频率进一步降低;解调是指对于某些中频接收机,如采用通道合并方案的中频接收机,需要从接收信号中解调出目标角误差信号。中频接收机有多种实现方案,具体电路组成各不相同,一般包括消隐开关、滤波器、放大器、混频器、自动增益控制电路、解调器等。经中频处理机处理后,输出 Y 和 Z 两路角误差信号,信号幅度代表目标偏离天线轴线角度的大小,极性则代表偏离天线轴线的方向。

信号处理器用于从来自中频接收机和通道的信号中检测出淹没在噪声和杂波中的目标并测量其多普勒频率。具体功能包括:分析多普勒频率分析区内的信号频谱,在各种干扰和噪声背景下以规定的虚警率和探测概率检测目标信号;测量目标接近速度,形成速度跟踪所需的误差信号;对信号进行对数放大和检波,形成导引头阈值及逻辑控制所需的目标信号电平指示等。信号处理器一般由对数检波/鉴频器、频率变换器、频谱分析器等部分组成,如图 3.25 所示。对数检测/鉴频器包括对数检波器和鉴频器。其中,对数检波器输出与输入信号幅度成对数关系的直流信号,送至信息处理系统,与预置阈值进行比较,用于控制导引头状态的转换;鉴频器对输入信号进行鉴频,输出与频率失谐值(频移)成比例的直流信号,送至信息处理系统用于对目标的速度跟踪。频率变换器对输入信号进行频率分区、变频、滤波、放大和限幅等处理后,送至频谱分析器,同时另有一路经检波、放大后送至信息处理系统,用于指示目标信号和噪声电平。频谱分析器对来自频率变换器的含有多普勒频率信息的中频信号进行采样,再通过离散傅里叶变换对采样信号进行频谱分析,将结果通过外总线送至信息处理系统。

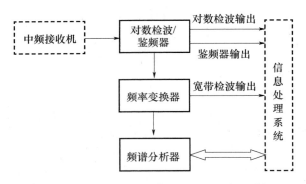

图 3.25　雷达导引头信号处理器一般组成

信息处理系统对中频接收机和信号处理器预先处理后输出的信号进行分析处理,提取目标速度和角度信息,以实现对目标的速度跟踪和角度跟踪。具体功能包括:管理和控制导引头工作状态和工作时序转换;监测和控制导引头有关功能部件的工作;控制速度跟踪压控振荡器(VCO),调整 VCO 的输出频率,以实现在速度上预定、搜索、捕获和跟踪目标;向伺服稳定系统输出控制信号,实现角度预定、搜索、捕获和跟踪;与导弹控制系统进行信息交换,实现导引头与控制系统的一体化工作;与控制系统共同实现抗杂波和人为干扰等。信息处理系统通常是由硬件和软件组成的嵌入式数字系统。硬件也称为导引系统计算机,提供软件的运行平台,一般包括 CPU 模块、信息输入模块、信息输出模块、串行接口控制器模块等,各模块之间通过内总线交换信息。其中,CPU 模块运行信息处理软件,形成对导引头有关功能部件的控制信号,信息输入模块、信息输出模块实现 CPU 模块与导引头各功能部件之间的硬件接口(通过信息输入模块接收来自各功能部件的模拟信号,通过信息输出模块实现对各功能部件的控制),串行接口控制器模块用于实现导引头和控制系统之间的信息交换。软件实现信息处理系统各种算法的功能,主要包括系统自检和状态参数测量、探测阈值测量与计算、发射机输出功率特性测量与功率优化、与控制系统交换信息、速度预定和角度预定、多普勒频率搜索和角度搜索、回波信号检测分析与目标捕获、抗干扰处理、速度跟踪和角度跟踪、导引头工作时序控制等。

频率源也称射频振荡器或主振器,用于产生稳定的射频振荡信号,送到发射机功率放大器输入端作为激励信号。为实现射频信号相参(信号之间保持确定相位关系),频率源信号通常也用作微波接收机的本振信号。常用的频率源有晶振倍频放大链、固体振荡器、微波锁相源、频率综合器等。

　　发射机根据雷达导引头工作体制选择和波形设计的要求,在频率源的激励下产生相应的大功率调制射频信号,通过环形器、天馈系统向空间辐射,作为目标照射信号。根据所用功率放大器件的不同,发射机可分为电真空管发射机和固态发射机两类。

　　电真空管发射机主要由电真空管、高压电源及脉冲调制器等部分组成,如图3.26 所示。电真空管用于对来自频率源的射频振荡信号进行功率放大,多采用小型速调管或行波管。高压电源产生电真空管正常工作所需的高压,脉冲调制器用于产生调制用的视频脉冲信号,控制电真空管的通断。电真空管发射机的特点是输出功率大、增益高、工作电压高,目前弹载应用的小型电真空管发射机输出峰值功率可达 500W 左右。

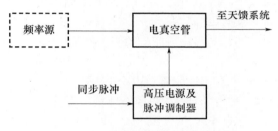

图 3.26　电真空管发射机组成

　　固态发射机采用微波晶体管放大器对输入射频激励信号进行放大,以得到所需要的大功率射频信号,其一般组成如图 3.27 所示。由于单个半导体固态器件所能提供的射频功率有限,一般要经过前置放大和末级功放两级放大,而根据输入、输出信号及功放器件增益的大小,前置放大还可能需要多级,末级功放则需要进行功率合成。在图 3.27 中,输入信号经转换装置处理后作为前置放大器的激励信号,前置放大器将该信号放大到末级功放所要求的激励功率,再由末级功放放大到可供发射的功率水平,最后经输出转换装置处理后送天馈系统发射出去。图中的输入网络、级间网络、输出网络在各级间起传输和匹配作用。固态发射机的特点是工作电压低、体积和重量小、可靠性高。Ka 频段弹载小型固态发射机的输出峰值功率已达 200W 左右。随着微波固态功率器件水平的提高和大规模单片集成电路的采用,使得固态发射机成为未来主动式雷达导引头发射机的发展方向。

　　伺服稳定系统用于控制导引头天线的角运动,以实现角预定、角搜索、角跟踪和角稳定。雷达导引头的伺服稳定系统多采用速率陀螺稳定系统或三自由度陀螺稳定系统。其中,速率陀螺稳定系统的结构形式与红外成像导引头常用的

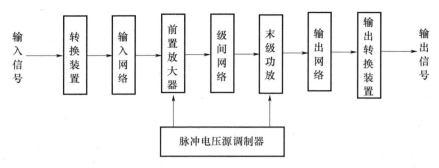

图 3.27 固态发射机一般组成

单万向支架两轴速率平台基本相同(见 3.2.3 节),天线装在两框架平台上,两个力矩电机分别装在万向支架的两个轴上,速率陀螺用于敏感平台及天线相对于惯性空间的角运动速度,进而稳定平台及天线的空间指向。三自由度陀螺稳定系统主要由电流放大器、三自由度陀螺、传动及功率放大器、传动电机、两框架平台、测速机、减速器、角度传感电位计等部分组成,其典型结构如图 3.28 所示。两框架平台中心是一只三自由度陀螺,它用一对轴承支承在平台内环上,平台内环又用一对轴承支承在平台外环上,平台外环用一对轴承支承在弹体上。陀螺内环轴、外环轴上分别装有角传感器 AS_y、AS_z 和力矩器 TS_y、TS_z,平台内环轴、外环轴上分别装有传动电机 M_y、M_z。设起始时平台与陀螺外环平面保持一致,陀螺动量矩矢量 H 垂直于平台平面,角传感器 AS_y 和 AS_z 输出为零。如果由于导弹弹体摆动等原因使得 Y 通道存在干扰角速度 $\dot{\psi}$,平台将绕 Y 轴转动。由于陀螺的定轴性,在平台台体和陀螺外环间产生角度差,角传感器 AS_y 输出正比于角度差的信号,经功率放大器 $K_1 \sim K_6$ 放大后驱动传动电机 M_y 转动,带动平台绕 Y 轴反方向转动,使平台恢复到原来位置,从而保持了平台 Y 通道的稳定。同样道理,Z 通道也可以在扰动下保持稳定。于是,平台可以始终跟随陀螺在惯性空间的指向,从而实现平台的空间稳定。由于天线用连杆与平台相连,也就实现了天线指向的空间稳定。在跟踪过程中,如果天线瞄准轴线相对目标视线出现失调角,则经天馈系统、接收机、信息处理系统形成控制信号,再经电流放大器放大后加至陀螺力矩器使三自由度陀螺进动,陀螺角传感器输出信号,经传动及功率放大器放大后驱动传动电机转动,带动平台及天线跟上陀螺的进动,稳态时平台及天线角速度近似等于目标视线角速度,从而实现了对目标的角度跟踪。

主动式雷达导引头的一般工作过程如下:在导弹制导系统控制下,导引头发射机开机,产生的射频信号经环形器从天馈系统发射出去。信息处理系统可根据需要产生天线扫描控制信号,经放大后加到伺服稳定系统,使天线波束在预定

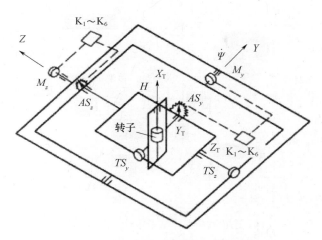

图 3.28　三自由度陀螺稳定系统结构

空域扫描。与此同时,信息处理系统控制频率源产生与预期的目标多普勒频移相关的射频激励信号。频率源除了提供射频发射信号外,还向微波接收机提供射频本振信号,并保证两路射频信号相参。当目标位于导引头作用距离和视场之内时,导引头接收到的射频信号能量就可达到接收系统的阈值。在天线波束对目标照射的驻留时间内,信号处理器和信息处理系统完成对目标多普勒频率的搜索和捕获,并在速度和角度上转为对目标的跟踪。导引头在对目标速度和角度跟踪的同时,提取目标速度、角度等信息,根据导引律形成导引指令(或称制导信号),送至导弹控制系统。

3.5.3　半主动式雷达导引头

半主动式雷达寻的制导导引头以连续波相参体制最为常见。典型的连续波相参体制半主动式雷达导引头的组成如图 3.29 所示,主要包括直波天线、直波接收机、自动频率控制(AFC)回路、回波天线、回波接收机、相参检测器、视频放大器、多普勒跟踪回路(含速度选通门、速度门本振等)、伺服稳定系统、自动增益控制(AGC)电路等部分。

直波天线一般装在导弹尾部,用于接收来自制导照射器的直射信号或直波信号。该信号经变频后闭合射频本振的 AFC 回路,并用作中频相参检测器检测目标回波信号的相参基准。回波天线装在导弹头部,接收来自目标的反射信号即回波信号。回波信号经变频和放大后送至相参检测器,与来自直波通道的相参基准信号混频,获得多普勒频率信号。该信号经视频放大器放大后,与速度门本振信号混频,使目标信号频谱落在速度选通门带宽之内。目标的搜索和跟踪

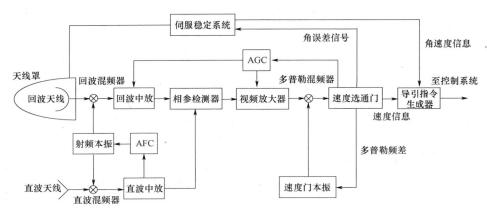

图 3.29　连续波相参体制半主动式雷达导引头组成

由速度门本振频率在多普勒频带内的扫描和跟踪来实现。在扫频过程中,当速度选通门输出信号超过检测阈值时,停止搜索并对信号进行确认,如经确认为目标,则捕获目标转入跟踪,同时提取目标速度信息送入导引指令生成器。回波信号的调幅成分在速度选通门中被检出,并分解为互相正交的方位、俯仰角误差分量,送至伺服稳定系统用于驱动天线在角度上跟踪目标。导引指令生成器根据多普勒跟踪回路提供的速度信息和角度跟踪回路提供的角度信息生成导引指令,送至导弹控制系统。为了使得在整个信号动态范围内,目标的角误差信号幅度仅与其偏离天线轴线的角度相关,在接收机内有 AGC 电路,AGC 电压在速度选通门获得,用来控制回波中频放大器和视频放大器的增益。

3.5.4　被动式雷达导引头

被动式雷达寻的制导导引头主要用于反辐射导弹,通过接收地面雷达、雷达干扰机等辐射源目标发射的电磁波,获取目标的位置等信息,进而引导导弹摧毁目标。为了能够探测各种频段的辐射源目标,要求被动式雷达导引头具有宽频带或超宽频带。与主动式雷达导引头相比,被动式雷达导引头在组成上除了没有发射机部分以外,接收通道通常也没有速度跟踪回路,因此是以测向功能为主的宽带接收机。

考虑到导弹 – 目标相对运动以及目标辐射源信号捷变等因素,被动式雷达导引头多采用单脉冲瞬时测向体制,具体测向方法有比幅式测向、比相式测向、比幅比相式测向等。比幅式单脉冲天线的各波束相互交叉,且关于天线轴线旋转对称,测向时根据各波束所接收信号的幅度之差来提取目标偏离天线轴线的角误差信息。为同时获取目标的方位角和俯仰角,至少需要四个交叉波束,常采用四个单模喇叭天线或一个多模喇叭天线来形成多波束。比相式单脉冲天线的各波束相隔一定距离(天线间距称为基线长度),且都平行于天线瞄准轴,测向时根据各波束接收信号的相位之差获取目标的角误差信息。为获取目标的方位角和俯仰角,至少需要四个平行波束,常采用四个平行放置的对数周期天线形成多波束。与比幅式测向比,比相式测向精度更高,但在天线的基线长度大于工作波长时会出现所谓多值模糊问题,这时仅凭鉴相器输出的相位差不能完全确定目标的方向。比幅比相式测向综合应用幅度比较和相位比较,需要利用天线阵产生的多波束合成和波束和差波束,目标的俯仰角可以通过比较和、差波束幅度来确定,方位角则可以通过比较和、差波束相位来确定。由于比幅比相式测向既可利用比相式测向精度高的优点,又可避免比相式测向存在的多值模糊问题,因此被动式雷达导引头多采用比幅比相式测向体制。

一种典型的比幅比相体制被动式雷达导引头接收通道的组成,如图 3.30 所示。天馈系统主要包括天线和模式形成电路。天线采用四臂正弦天线或平面螺旋天线。模式形成电路也称为模式形成网络,主要由宽带定向耦合器和宽带移相器组成,用于形成和信号和差信号。两路信号分别经过射频放大、滤波、变频、中频放大后,由波束形成电路通过对中频和信号和差信号的幅度、相位进行比较后提取俯仰角和方位角信息,再经检波和对数放大后输出角误差信号,通过信息处理系统送至伺服稳定系统,以驱动天线跟踪目标。

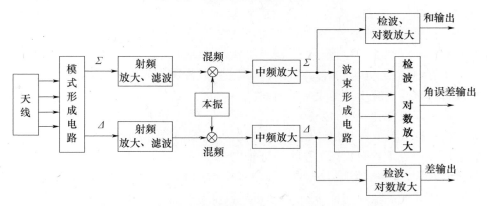

图 3.30 典型比幅比相体制被动式雷达导引头接收通道组成

3.6 导引头模拟设备

为了检验电子对抗装备对导弹的干扰效果,需要有作为配试干扰对象的导弹(或其模拟设备),然后可利用实弹打靶法,即通过实际发射导弹,在导弹飞行过程中被试电子对抗装备按照战术使用要求对其实施干扰,然后根据导弹的飞行弹道或目标脱靶量评估干扰效果。利用这种方法考核干扰效果固然逼真可信,但因为试验条件要求高,组织实施起来难度很大、费用太高,所以并不能普遍应用。对于寻的制导导弹而言,在导弹的各部分中,真正对电子干扰敏感的部分是用于探测目标信息的导引头和引信。在多数情况下,电子对抗装备对导弹的干扰主要是通过对其导引头的干扰而实现的。因此,通常采用导引头作为配试干扰对象来检验电子干扰效果。由于直接利用弹上导引头进行试验,不便于获取与干扰效果有关的各种试验数据,因此实际上多采用专门为试验设计研制的导引头模拟设备作为配试干扰对象。

用于电子干扰效果试验的导引头模拟设备,首先要在工作体制、工作波段、主要功能和性能指标等方面与被模拟导弹的导引头一致或相近,其次要能完整地录取与干扰效果评估有关的各种试验数据,并具有适合在各类预定的试验装载平台(如飞机等)上安装、使用的机械、电气、信息接口以及外形尺寸、重量、供电、环境适应性、电磁兼容性等设计。因此,导引头模拟设备除了具备被模拟导弹导引头的基本组成部分以外,一般还需要有专用的显示控制系统、数据录取设备以及时统终端设备等。显示控制系统是操控人员与导引头模拟设备之间的人机交互界面,主要由显控计算机及相应软件组成,用于对模拟设备各部分的自检和故障诊断,工作方式选择,工作参数设置,工作状态监视与控制,测量数据处理、实时显示和事后回放,对外通信和信息交换等。数据录取设备用于录取导引头模拟设备在试验过程中产生的与干扰效果评估有关的各种数据,如工作参数、工作状态、测量数据等。时统终端设备用于接收和解调时统信号,实现导引头模拟设备与试验系统中其他设备的时间统一。

对于非成像导引头,包括红外点源导引头、激光导引头和雷达导引头,有时为了给操控人员实时提供试验过程中导引头前方的景物图像,以便于搜索目标、观察目标相对于导引头探测系统瞄准轴的角偏差、直观判别干扰效果并及时控制试验过程,可在这类导引头的模拟设备中增加CCD电视摄像机,将摄像机与导引头或其探测系统同轴安装,摄像机光轴可与导引头探测系统瞄准轴随动,以实时摄取导引头前方的景物图像。摄像机多设计为连续变焦光学镜头,这样可以根据目标距离随时调节焦距,以便观察。为了实现摄像机光轴与导引头探测系统瞄准轴随动,通常可以将摄像机和导引头或其探测系统同轴安装在同一随动平台上。随动平台一般采用速率陀螺稳定的两轴伺服平台,由两轴框架、速率陀螺、角度传感器、力矩电机、伺服控制电路等部分组成方位、俯仰两自由度随动伺服系统,可以隔离试验装载平台的角运动。随动平台既可在导引头输出的离轴角(导引头探测系统瞄准轴与导引头纵轴的夹角)或目标角误差信号控制下自动跟踪导引头探测系统瞄准轴或目标,也可由操控人员通过观察摄像机图像并操纵单杆实现手动搜索、跟踪目标。

对导引头模拟设备的性能指标要求应该根据具体的被模拟导弹导引头以及研制技术水平等因素而定,不一而论,以下只列出各类导引头模拟器一般应考虑的主要性能指标。

1. 红外导引头模拟设备

工作体制(单元调制盘式、多元脉位调制式、光机扫描成像式或凝视成像式等),工作波段($1 \sim 3 \mu m$、$3 \sim 5 \mu m$、$8 \sim 12 \mu m$ 或多波段),视场(多为3°左右),作用距离(探测距离、识别距离、稳定跟踪距离等),跟踪性能(跟踪范围、跟踪角速度、跟踪精度等),搜索性能(搜索范围、搜索图形、搜索周期等),帧频(对成像导引头)或调制频率(对点源导引头),扫描性能(对光机扫描成像式导引头,包括扫描方式、扫描波形、扫描频率等),虚警概率,捕获概率,抗干扰性能,录取数据(跟踪误差、离轴角、视线角速度、图像等),光学系统的形式、相对孔径(或 F 数),探测器的类型、像元数(对多元探测器和阵列探测器)、制冷方式,红外探测系统的灵敏阈等。

2. 电视导引头模拟设备

作用距离(探测距离、稳定跟踪距离等),跟踪性能(跟踪范围、跟踪角速度、跟踪精度等),搜索性能(搜索范围、搜索速度等),捕获概率,抗干扰性能,录取数据(跟踪误差、离轴角、视线角速度、图像等),电视摄像机的视场角范围(或变焦范围)、分辨率或像元数、灵敏度、信噪比、动态范围(或适应照度范围)、帧频等。

3. 激光导引头模拟设备

工作波长($1.06 \mu m$),视场,作用距离,灵敏度,动态范围,解码要求(可识别编码类型),跟踪性能(跟踪范围、跟踪角速度、跟踪精度、跟踪盲区等),搜索性能(搜索范围、搜索速度等),抗干扰性能,录取数据(跟踪误差、离轴角、视线角速度等),探测器类型(四象限探测器或双四象限探测器)等。

4. 雷达导引头模拟设备(以主动式雷达导引头为例)

测向体制(多为单脉冲测向),接收体制(一般为超外差接收),工作波段(X波段、Ku 波段、Ka 波段、W 波段等),工作带宽,作用距离,角度搜索性能(搜索范围、搜索周期等),速度搜索性能(搜索区间、搜索周期等),角度跟踪性能(跟踪范围、跟踪角速度、跟踪精度等),速度跟踪性能(跟踪范围、跟踪精度等),分辨力(角度分辨力、速度分辨力、距离分辨力),抗干扰性能,天线的形式、增益、波束宽度,发射机的功率、工作波形(脉冲重复频率、脉冲宽度、占空比等),接收机的灵敏度、动态范围,录取数据(工作频率,波形参数,目标角度、速度、距离和视线角速度等)。

第4章 导弹干扰效果试验

为了检验电子对抗装备对导弹的干扰效果,需要有作为配试干扰对象的导弹或其模拟设备。对于寻的制导导弹而言,在导弹的各部分中,对电子干扰最敏感的部分是用于探测目标信息的导引头。在多数情况下,电子对抗装备对导弹的干扰主要是通过对其导引头的干扰而实现的。因此,实际上往往采用导引头或其模拟设备作为配试干扰对象来检验电子干扰效果。随着导弹仿真技术的日益成熟,仿真方法也开始应用于导弹干扰效果试验,即通过仿真导弹攻击过程以及电子对抗装备对导弹的干扰过程来检验导弹电子干扰效果。根据被干扰对象导弹的实现或模拟方式,导弹干扰效果试验方法一般可分为实弹打靶法、地面模拟法、挂飞模拟法和仿真法等几类。本章介绍各类导弹干扰效果试验方法,重点是通过典型应用实例阐述开环挂飞模拟法、闭环挂飞模拟法和仿真法的具体实现和典型结果。

4.1 实弹打靶法

实弹打靶法就是直接采用导弹(或经过改装的模拟弹或飞行控制弹)作为配试干扰对象的试验方法,即在外场环境条件下,通过实际发射导弹,在导弹飞行过程中被试电子对抗装备按照战术使用要求对其实施干扰,最后根据导弹的飞行弹道或脱靶量评估干扰效果。

实弹打靶法的具体实现因电子干扰手段、被干扰导弹类型而异,这里以激光角度欺骗干扰设备对机载激光半主动制导导弹干扰效果的试验为例介绍实弹打靶法。

试验布局如图4.1所示。试验系统中,除被试的激光角度欺骗干扰设备(包括激光告警、信息识别与控制、激光干扰机和漫反射假目标等功能单元)以外,其他参试设备、设施主要有:①激光半主动制导导弹,或为安全考虑,采用战斗部、引信经过改装的模拟弹或飞行控制弹,作为被干扰对象;②导弹载机及机载火控系统;③激光目标指示器,用于为激光制导导弹指示目标;④被保护目标,用于模拟导弹要攻击的目标,即被试设备要保护的对象,可用激光漫反射靶标代替;⑤真值测量设备,用于测量导弹飞行弹道,可用跟踪测量雷达或光电经纬仪等;⑥时统设备,用于试验系统的时间统一。

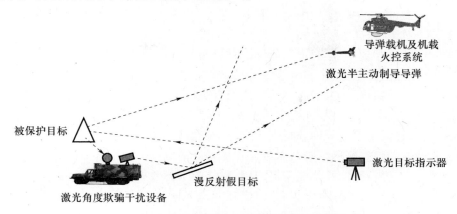

图 4.1　实弹打靶法检验激光角度欺骗干扰效果试验布局

主要试验步骤如下:

(1) 在试验阵地上按战术使用要求布设被试激光角度欺骗干扰设备(含漫反射假目标)、被保护目标和激光目标指示器。被试设备、漫反射假目标与被保护目标之间的距离主要根据被试设备激光告警单元的散射截获半径、激光制导导弹的杀伤半径等因素确定。

(2) 导弹和激光目标指示器装定码型一致的激光脉冲编码。

(3) 按照典型作战流程,载机携带导弹到达指定空域后,飞行员(或武器操控人员)利用机载火控系统目标探测设备搜索、识别、捕获、锁定跟踪并测量被保护目标。

(4) 在机载火控系统引导下,激光目标指示器发射激光制导信号照射被保护目标,当导弹导引头接收到目标反射的制导信号且捕获、锁定跟踪目标后,火控系统控制发射导弹。

(5) 在激光目标指示器发射制导信号后,激光角度欺骗干扰设备的激光告警单元截获制导信号,经处理分析和识别,获得制导信号的脉冲重复频率、码型、到达时间等信息,控制激光发射机对准漫反射假目标发射与制导信号特征相同的激光信号,经漫反射假目标反射后在较大的角度范围内形成激光干扰信号,对来袭导弹实施诱骗干扰。

(6) 在导弹飞行过程中利用真值测量设备全程测量导弹的飞行弹道。

由于实弹打靶法是在真实的外场环境(包括实际的目标、背景、大气环境等)和导弹飞行状态下进行干扰试验,因此其突出优点是试验结果真实可信。但是,实弹打靶法存在的问题也是很明显的,如试验条件要求高、安全风险大、组织实施难、耗费代价大等。

实际上,由于各种随机因素的影响,干扰试验结果是具有一定概率分布的随机事件。对于这种随机事件,少数次试验有很大的局限性,不足以准确反映试验结果的统计分布规律,同时也不能反映被试装备在各种战情条件下对导弹的干扰效果。因此,要全面、可靠考核评估被试装备干扰效果,必须要进行大量的重复试验和不同条件下的试验,然后应用统计方法对试验结果作定量分析以得出最终的评估结论。随着导弹技术日益复杂,其生产、发射成本越来越高,在这种情况下,通过大量发射导弹获得满足统计分析所需要的试验样本是不现实的,也不可能通过实弹打靶法检验被试装备在各种战情条件下的干扰效果。

因此,实弹打靶法并不能普遍应用,只能为干扰效果的综合演示或验证目的少量应用。由于试验样本太少,难以实现对电子对抗装备干扰效果的全面检验和可靠评估。

4.2　地面模拟法

如前所述,在多数情况下,电子对抗装备对导弹的干扰主要是通过对其导引头的干扰而实现的,对导引头的干扰效果决定了最终对导弹的干扰效果,因此,实际上通常采用导引头(或其模拟设备)作为配试干扰对象来检验电子干扰效果。

地面模拟法和后面要介绍的挂飞模拟法都是利用导引头代替导弹作为配试干扰对象进行的模拟导弹干扰试验方法。其中,地面模拟法是将导引头固定于地面或安装于地面设施上,然后启动导引头工作,使其对要攻击的目标进行搜索、识别、捕获和跟踪,同时被试电子对抗装备按照战术使用要求对导引头实施干扰,最后根据导引头工作状态的变化情况评估被试装备对导引头的干扰效果。有时为了模拟形成地空、空地、空空对抗态势或便于试验,将导引头或其要攻击的目标(或被试装备)安装在有一定高度的试验支架或塔台上。

这里以机载红外诱饵弹对红外制导导弹导引头干扰效果的试验为例,介绍地面模拟法的具体实现。试验布局如图 4.2 所示。试验系统中,除被试的红外诱饵弹及其投放设备以外,其他参试设备、设施主要有:①红外制导导弹导引头,为便于试验和录取与干扰效果评估有关的各种试验数据,通常采用专门为试验设计研制的导引头模拟设备;②载机目标模拟器,用于模拟红外诱饵弹的载机即被保护目标的红外辐射特性;③试验支架或塔台,用于安装载机目标模拟器和红外诱饵弹投放设备,其红外辐射应远小于载机目标模拟器和红外诱饵弹;④光电经纬仪或弹道相机,用于测量红外诱饵弹的飞行轨迹;⑤时统设备。

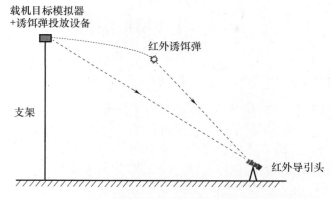

图 4.2 地面模拟法检验机载红外诱饵弹干扰效果试验布局

在图 4.2 所示试验模式中,将载机目标模拟器放在较高的位置上,可使导引头视场中背景较简单,更接近于实战中地空导弹或空空导弹导引头看到的背景。同时,红外诱饵弹从支架或塔台上发射后,可以有一定的下降过程,以逐渐诱偏导引头的跟踪。在设计载机目标模拟器和红外诱饵弹投放设备的架设高度以及导引头到支架或塔台的距离时,应使诱饵弹发射后与载机目标模拟器对导引头的最大张角大于导引头的视场。

主要试验步骤如下:

(1)将载机目标模拟器和红外诱饵弹投放设备安装在试验支架或塔台上,红外导引头布设在满足上述要求的试验阵地点位上;

(2)启动载机目标模拟器和导引头,导引头搜索、捕获、锁定跟踪载机目标模拟器;

(3)被试红外诱饵弹投放设备按战术使用要求发射诱饵弹;

(4)利用光电经纬仪或弹道相机测量诱饵弹的飞行轨迹;

(5)观察并全程录取导引头工作状态的变化情况及相关输出数据;

(6)根据需要,重复进行上述试验过程。

地面模拟法利用静止的导引头代替飞行中的导弹作为配试干扰对象,避免了飞行试验和消耗导弹,安全风险和试验费用大大降低。由于导引头一般都可以反复使用,因此可以通过多次重复试验取得进行统计分析所需足够多的试验数据。但是,由于地面的机动性有限,地面模拟法多数用于静态试验,导引头及其要攻击的目标均为静止状态,一般不能模拟导弹飞行过程中导引头对目标视线角、视线角速度的动态测量过程,也就不能反映它们在干扰条件下的变化情况,因此地面模拟法不能全面反映导引头在干扰条件下产生的实际效应。

4.3 挂飞模拟法

4.3.1 概述

与地面模拟法一样,挂飞模拟法也利用导引头(或其模拟设备)代替导弹作为配试干扰对象,所不同的是挂飞模拟法将导引头搭载在飞行平台上,在平台飞行过程中,导引头对要攻击的目标进行搜索、识别、捕获和跟踪,模拟导弹飞行中导引头对目标的动态搜索、跟踪过程,在此过程中利用被试电子对抗装备按照战术使用要求对导引头实施干扰,最后根据导引头的工作状态和测量输出数据的变化情况评估被试装备对导引头的干扰效果。

通过将导引头挂飞,可以在一定程度上模拟导弹逼近目标飞行和近似实战的动态对抗态势,以及导弹飞行过程中导引头对目标视线角、视线角速度等导引数据的动态测量过程,进而可以在动态条件下检验电子干扰对导引头导引数据测量的影响,因此挂飞模拟法能够比较全面、定量、准确地反映导引头在干扰条件下产生的实际效应。

根据试验过程中飞行平台的飞行是否受导引头的控制,挂飞模拟法可以分为开环挂飞模拟法、闭环挂飞模拟法两种。对于开环挂飞模拟法,飞行平台仅作为导引头的搭载平台,导引头不对飞行平台进行控制,平台的飞行完全不受导引头工作状态的影响。对于闭环挂飞模拟法,导引头会根据所测量得到的目标信息,实时控制飞行平台按照一定的导引律进行制导飞行。本节通过典型应用实例阐述两种挂飞模拟法的具体实现。

4.3.2 开环挂飞模拟法

在开环挂飞模拟法中,飞行平台自主飞行,完全不受导引头的控制,所以也不受电子干扰的影响。其中,飞行平台可以是直升机、运输机、战斗机等有人飞机,也可以是无人机、无人驾驶飞艇等无人飞行平台。这里的应用实例中,飞行平台选用无人驾驶飞艇,其上搭载电视导引头,用于检验一种烟幕干扰设备对电视导引头的干扰效果。

1. 试验设备

试验设备除了被试烟幕干扰设备以外,还包括电视导引头、飞行平台以及导引头的合作目标等。被试烟幕干扰设备由小型载车、发射控制器、多联装发射定向器、爆燃型烟幕弹等组成,利用发射定向器可将烟幕弹以一定角度发射至约百米远后爆炸燃烧形成宽波段遮蔽烟幕。作为配试干扰对象的电视导引头为典型的速率陀螺稳定平台式 CCD 电视导引头,为了录取评估干扰效果所需要的测量数据,对电视导引头的数据输出接口作了相应改造,使其可以实时输出离轴角、光轴角速度、跟踪误差、跟踪状态字、视频图像等。其中,离轴角为导引头跟踪光轴与几何纵轴(弹轴)之间的夹角;光轴角速度为由速率陀螺测量得到的导引头光轴转动的角速度;跟踪误差为目标相对于导引头光轴的偏差角;跟踪状态字是导引头中专门用于表征跟踪状态的量,其定义为:0 表示导引头处于稳定跟踪状态,2 表示跟踪不稳定,3 表示丢失目标,处于搜索状态。在稳态跟踪时,由于跟踪误差很小,因此通常将离轴角作为目标视线角,即导弹与目标连线(简称弹目视线或视线)相对于弹轴的角度,将光轴角速度作为视线角速度,即弹目视线转动的角速度。飞行平台采用一种小型无人驾驶飞艇,可采用遥控、自主编程控制等模式进行飞行控制,最大速度可达 72km/h。电视导引头跟踪的地面合作目标(模拟要攻击的目标)采用 3m×2m 的白色泡沫塑料或 4m×4m 的白布。

电视导引头通过专门的机械吊挂装置安装在飞艇气囊下方电子吊舱前方的任务载荷吊挂处,视场面向飞艇正前下方,如图 4.3 所示。导引头通过数据接口与装在飞艇电子吊舱内的地空链路平台终端连接,以实现与导引头地面显示操控台的信息交换,将导引头测量得到的导引数据实时发送给显控台,接收来自显控台的控制指令;导引头还通过模拟视

图 4.3　电视导引头在飞艇上的挂装方式

频接口与地空链路平台终端连接,以将导引头的视频图像实时发送给显控台。在地面,导引头显控台和飞艇地面控制站装在指控车上,导引头显控台通过数据接口与地空链路地面终端连接,以实现与导引头的信息交换,将控制指令实时发送给导引头,接收来自导引头的导引数据,同时通过模拟视频接口与地空链路地面终端连接,以接收来自导引头的视频图像。

2. 试验条件设置和设备布局

试验中,飞艇在 500m 以下空域飞行,速度一般设置在 10 ~ 12m/s,但受风速影响,从逆风到顺风飞行,飞艇实际地速可能在 5 ~ 20m/s 之间变化。飞行航线沿东北—西南方向,基本上是一条直线,试验中飞艇沿航线在 4km 范围内往复飞行。合作目标布设在地面沿航线分布的制高点上。根据试验需要,在不同位置上布设了 1 号、2 号、3 号共 3 个合作目标。飞艇地面站、导引头显控台按信息

关系要求连接并装在指控车上,布设在距合作目标 200～300m 处。试验航线及合作目标、各试验设备布局如图 4.4 所示。

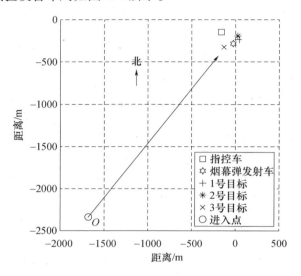

图 4.4　试验航线及合作目标、各试验设备布局

3. 试验过程

开环挂飞试验过程如图 4.5 所示。加挂电视导引头的飞艇升空并飞到指定进入点 O 就位,然后在飞艇地面站的控制下沿规划试验航线向合作目标方向做水平飞行。在此期间,通过地面显控台控制导引头搜索、识别、捕获目标,待稳定跟踪目标后,控制烟幕弹发射车发射烟幕弹,在规定方位上形成烟幕以遮蔽目标,对导引头的跟踪造成干扰。随着飞艇的飞行,目标将超出导引头的跟踪范围,就此完成一次开环挂飞干扰试验。此后,飞艇飞回进入点,重复上述过程。

4. 试验结果

实时采集、记录各飞行航次中飞艇、导引头的各种相关数据,其中,由飞艇地面站采集、记录的数据包括时间 t、飞艇航迹 $[x_a(t),y_a(t),z_a(t)]$ 等,由导引头显控台采集、记录的数据包括时间 t、离轴角 $[A(t),E(t)]$、跟踪状态字、跟踪误差 $[\Delta A(t),\Delta E(t)]$、光轴角速度 $[\dot{A}(t),\dot{E}(t)]$ 以及视频图像等。这里介绍并分析若干典型航次的试验结果。

1)试验航次 1

在试验航次 1 中,合作目标采用 1 号目标,飞艇进入点距离目标约 2.6km,航线高度设为 200m,发射烟幕弹 3 发。图 4.6 为根据飞艇航迹测量数据得到的飞艇航迹图,其中图 4.6(a)、(b)分别为俯视图、侧视图,图中 T 点为合作目标

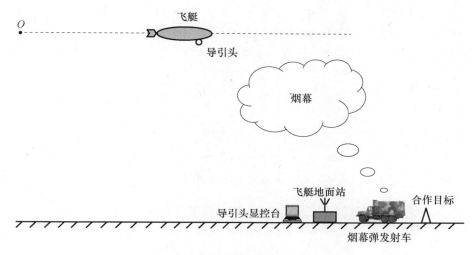

图 4.5　开环挂飞试验过程

位置,A 点为导引头锁定跟踪目标的位置,B 点为干扰起效点(导引头跟踪状态字发生跳变),C 点为飞艇返回点。由图 4.6(b)可见,在该航次中飞艇按设定的 200m 高度作水平飞行,只是由于风的影响,航迹并非理想的直线。

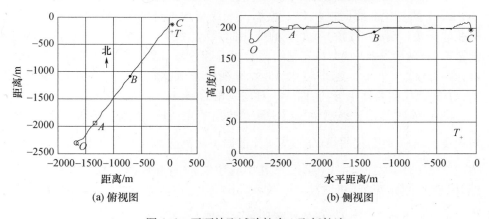

(a) 俯视图　　　　　　　　　　　(b) 侧视图

图 4.6　开环挂飞试验航次 1 飞艇航迹

图 4.7 给出该航次中导引头测量输出的跟踪状态字和跟踪误差的变化曲线,图中 A 点为导引头锁定跟踪目标的时刻,B 点为干扰起效时刻,C 点为飞艇返回时刻。由图可见,在实施干扰前,导引头稳定跟踪目标,跟踪误差在零值附近小幅波动;实施干扰并起效后,导引头丢失目标转入搜索状态,同时不再输出跟踪误差。之后导引头偶尔由搜索转入不稳定跟踪,又由跟踪转入搜索,如此多

次反复。这种现象表明,导引头在受干扰丢失目标后,在复杂地物背景中一直未能搜索到对比度较高的明确目标加以捕获和锁定跟踪,所以总是处于搜索和不稳定跟踪彼此交替的状态。这种状态也从导引头记录的视频图像得到证实。

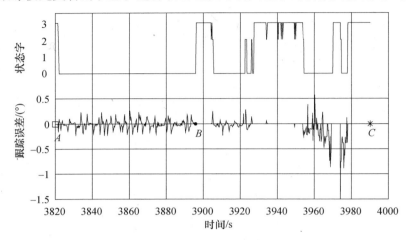

图4.7　开环挂飞试验航次1中导引头跟踪状态字和跟踪误差的变化

图4.8(a)给出该航次中导引头测量输出的俯仰方向离轴角(测量视线角) $E(t)$ 的变化曲线(细线)以及根据飞艇测量数据计算得到的飞艇艇轴与目标视线夹角(实际视线角) $E_a(t)$ 的变化曲线(粗线)。由图4.8(a)可见,在实施干扰前,两者基本一致;当实施烟幕干扰并起效后,随着飞艇距离目标越来越近,实际视线角 $E_a(t)$ 越来越大,而测量视线角 $E(t)$ 不再明显增大,从而与 $E_a(t)$ 的变化曲线逐渐分离,即干扰对视线角的测量产生了显著影响。

图4.8(b)给出该航次中导引头测量输出的光轴角速度俯仰分量(测量视线角速度) $\dot{E}(t)$ 的变化曲线(细线)以及根据飞艇测量数据计算得到的实际视线角速度 $\dot{E}_a(t)$ 的变化曲线(粗线),其中导引头的测量数据经过了统计平滑处理,剔除了大幅度的随机波动。由图4.8(b)可见,在实施干扰前,两者基本一致;当实施烟幕干扰并起效后,随着飞艇距离目标越来越近,实际视线角速度 $\dot{E}_a(t)$ 越来越大,而导引头的测量视线角速度 $\dot{E}(t)$ 保持在零值附近,从而与 $\dot{E}_a(t)$ 的变化曲线逐渐分离,即干扰对视线角速度的测量同样也产生了显著影响。

2)试验航次2

在试验航次2中,除了发射烟幕弹为1发外,其他试验条件与航次1相同。与航次1相比,航次2中烟幕对导引头的干扰效果有着明显不同的表现。两个试验条件基本相同的航次试验结果明显不同,反映出烟幕干扰过程的复杂性及

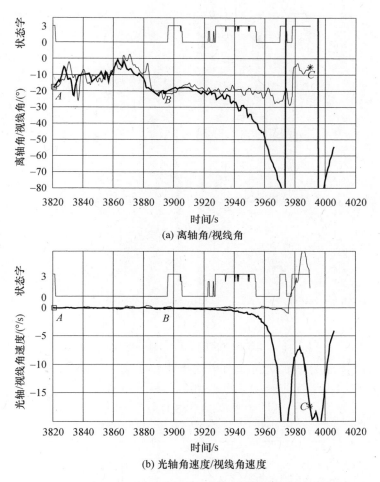

(a) 离轴角/视线角

(b) 光轴角速度/视线角速度

图 4.8　开环挂飞试验航次 1 中导引头测量输出导引数据的变化

其干扰效果的不确定性。

　　通过导引头记录的视频图像,可以对航次 2 中的烟幕干扰过程和干扰效果有更为直观的了解。如图 4.9 所示,图 4.9(a)为实施干扰前,导引头稳定跟踪合作目标;图 4.9(b)为烟幕弹发射后爆炸形成烟幕;图 4.9(c)为导引头受烟幕干扰并起效后丢失目标,进入搜索状态;图 4.9(d)为几秒钟后导引头将烟幕本身作为新目标而捕获并锁定跟踪。需要说明的是,试验中所用的电视导引头采用连续变焦光学系统,随着目标在视场中尺寸的变化,导引头会自动变焦。图4.9(c)到图 4.9(d),由于导引头将烟幕本身作为新目标捕获并跟踪,而烟幕在视场中面积较大,因此导引头自动由长焦变为短焦,致使图 4.9(d)中烟幕尺寸看起来相对图 4.9(c)中尺寸变小。

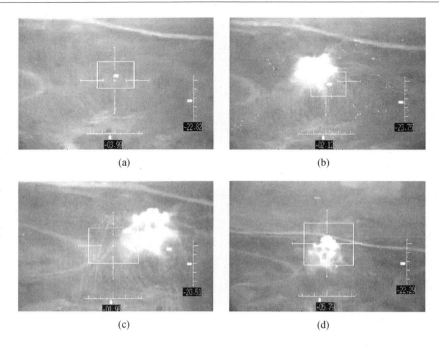

图 4.9　开环挂飞试验航次 2 中导引头记录图像

　　图 4.10 所示为该航次中导引头输出跟踪状态字和跟踪误差的变化曲线。由图可见,在实施干扰前,导引头稳定跟踪目标,跟踪误差在零值附近小幅波动;受到干扰后,导引头丢失目标,跟踪误差输出为零;经很短时间后,导引头又恢复输出跟踪误差,显然是因为导引头又将烟幕本身作为新目标而捕获并锁定跟踪。

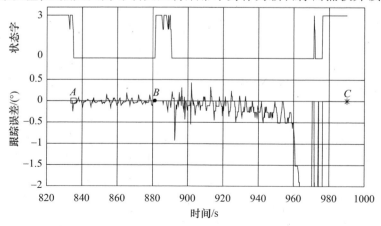

图 4.10　开环挂飞试验航次 2 中导引头跟踪状态字和跟踪误差的变化

值得注意的是,重新捕获并跟踪目标后,导引头的跟踪误差显著增大。对比导引头记录的视频图像分析,这种现象可能的原因之一,在于相比原来跟踪的合作目标,烟幕尺寸大了很多。

图 4.11 给出了该航次中导引头离轴角 $E(t)$ 和光轴角速度 $\dot{E}(t)$ 测量数据的变化曲线(细线),同时给出了根据飞艇测量数据计算得到的实际视线角 $E_a(t)$ 和视线角速度 $\dot{E}_a(t)$ 的变化曲线(粗线)。由图 4.11 可见,在实施干扰并起效前后,导引头测量输出数据与根据飞艇测量数据得到的结果基本一致,也就是说,干扰对视线角和视线角速度的测量没有明显影响。

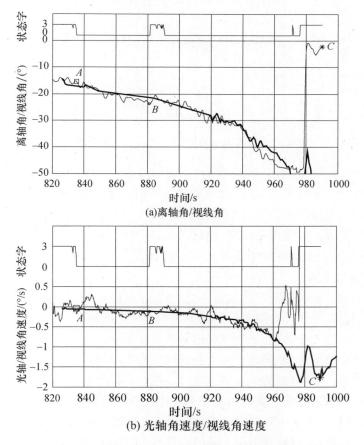

(a)离轴角/视线角

(b) 光轴角速度/视线角速度

图 4.11　开环挂飞试验航次 2 中导引头测量输出导引数据的变化

产生上述现象的原因是显然的。导引头在受烟幕干扰后丢失目标,但在很短时间后又捕获并跟踪上烟幕,由于相对于飞艇和导引头,烟幕和原跟踪的合作目标在方位上很近或几乎重合(图4.9),导引头测得的视线角和视线角速度也就与无干扰时没有明显差别了。

3)试验航次3

航次3的试验条件与航次1完全一致,试验中导引头跟踪状态字、跟踪误差、离轴角、光轴角速度的测量结果如图4.12、图4.13所示。

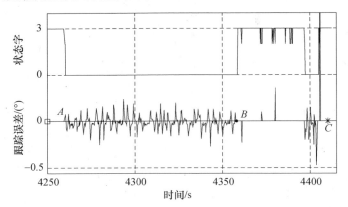

图4.12　开环挂飞试验航次3中导引头跟踪状态字和跟踪误差的变化

图4.12、图4.13表明,试验航次3与航次1结果相似,略有不同的是,在实施干扰导致状态字跳变后,测量视线角速度的值由非零跳变为零的现象更为明显。其原因也是显然的,通过比较图4.12、图4.13与图4.7、图4.8可以看出,航次3相对航次1干扰起效较晚,在状态字跳变前一刻,视线角速度值已经比较大,所以跳变时表现也就更为显著。

4)试验航次4

航次4的试验条件与航次1、3完全一致,试验中导引头跟踪状态字、跟踪误差、离轴角、光轴角速度的测量结果如图4.14、图4.15所示。

图4.14、图4.15表明,虽然试验航次4在实施干扰导致状态字跳变后,导引头测量输出离轴角、光轴角速度的变化曲线也与实际视线角、视线角速度的变化曲线产生分离,但分离趋势远不如航次1、航次3显著。其原因在于,导引头受干扰丢失目标很短时间后就稳定跟踪上其他目标。经检查导引头记录的视频图像发现,导引头在丢失指定的1号合作目标后,恰巧很快就捕获、锁定布设在距其不远的2号目标,因此导引头光轴解除锁定,继续跟随新的目标视线转动并恢复光轴角速度输出。由图4.15可见,虽然导引头稳定跟踪上2号目标,但其测量输出的离轴角、光轴角速度数据曲线与实际视线角、视线角速度曲线并不重合,其原因在于2号目标在1号目标以北约300m处,新的视线角、视线角速度

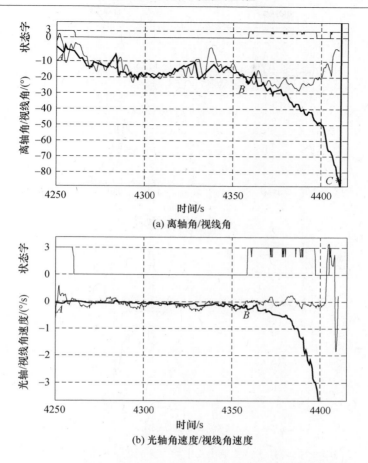

(a) 离轴角/视线角

(b) 光轴角速度/视线角速度

图 4.13　开环挂飞试验航次 3 中导引头测量输出导引数据的变化

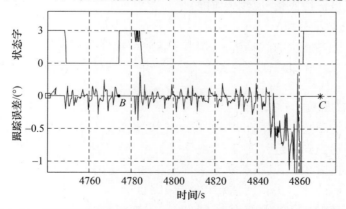

图 4.14　开环挂飞试验航次 4 中导引头跟踪状态字和跟踪误差的变化

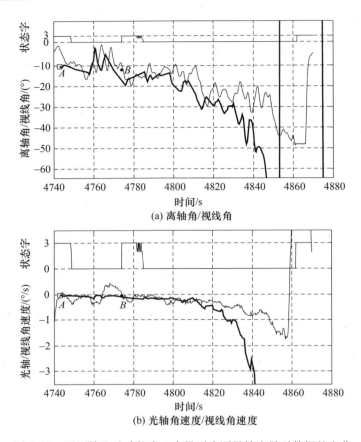

(a) 离轴角/视线角

(b) 光轴角速度/视线角速度

图4.15 开环挂飞试验航次4中导引头测量输出导引数据的变化

明显小于原目标视线角、视线角速度。

5. 干扰效果分析

根据以上各航次的试验结果,烟幕干扰对电视导引头的影响是多方面的,如引起跟踪状态字和跟踪误差的变化,影响导引头对目标视线角、视线角速度的正确测量等。

1)对跟踪状态字的影响

烟幕干扰导致电视导引头的跟踪状态发生变化时,直接引起跟踪状态字的变化。当干扰达到一定程度后,电视导引头由稳定跟踪目标变为跟踪失稳或丢失目标进入搜索状态,其跟踪状态字即发生相应变化,状态字由0变为2或3。当丢失目标后的导引头重新捕获、锁定跟踪目标(通常为预定目标以外的新目标)后,状态字便由2或3变为0。

2）对跟踪误差的影响

当电视导引头正常稳定跟踪目标时,其测量输出的跟踪误差在零值附近小幅随机波动。烟幕干扰对跟踪误差的影响主要有两种情况:一是当干扰达到一定程度后,导致导引头丢失目标,跟踪状态字由 0 变为 3,则导引头停止输出跟踪误差或跟踪误差恒为零;二是当干扰导致导引头丢失原目标,而捕获、锁定跟踪其他目标时,跟踪状态字由 2 或 3 变为 0,导引头重新输出跟踪误差,但跟踪误差幅度一般明显增大且跟踪不稳定。

3）对视线角测量的影响

当电视导引头正常稳定跟踪目标时,其光轴紧密跟随目标视线转动,跟踪误差很小,通常将导引头测量输出的离轴角近似作为目标视线角。当干扰达到一定程度后,导致导引头丢失目标(同时跟踪状态字由 0 变为 3),光轴不再跟随目标视线转动,而是保持原方向不变,离轴角也即测量视线角锁定,保持为状态字变化前一刻的大小不再变化,直至导引头捕获、锁定跟踪新的目标后,光轴指向解除锁定并跟随新的目标视线转动。

4）对视线角速度测量的影响

当电视导引头正常稳定跟踪目标时,由于其光轴紧密跟随目标视线转动,通常将导引头测量输出的光轴角速度近似作为目标视线角速度。当干扰导致导引头丢失目标,光轴指向锁定不变,光轴角速度也即测量视线角速度立刻跳变为零,直至导引头捕获、锁定跟踪新的目标后,光轴指向解除锁定并跟随新的目标视线转动,输出相应光轴/视线角速度。

上述干扰效果可以从导引头的抗干扰策略和光轴稳定原理得到合理解释。试验中采用的电视导引头为典型的速率陀螺稳定平台式导引头,该类导引头通过速率陀螺实时测量光轴扰动角速度,进而形成稳定控制信号稳定光轴指向。当导引头因干扰导致丢失目标、停止输出跟踪误差时,其光轴失去伺服控制,导引头将启用保持光轴指向记忆的抗干扰策略,光轴在速率陀螺稳定系统作用下,保持状态字跳变前一刻的惯性空间指向不变。

4.3.3 闭环挂飞模拟法

在闭环挂飞模拟法中,通常是将导引头搭载在无人机、无人驾驶飞艇等无人飞行平台上,利用导引头测量输出的目标运动信息(也称导引数据或导引信息),按照一定导引律的要求,实时控制无人飞行平台向目标方向作制导飞行,以模拟导弹在导引头引导下逼近目标的制导过程,进而将其作为配试干扰对象,以检验被试电子对抗装备对导弹制导过程的干扰效果。

在闭环挂飞模拟法中,导引头和无人飞行平台之间的信息关系如图 4.16 所示。导引头测量输出的目标运动信息通常为视线角（离轴角）、视线角速度（光轴角速度）等（依导引律不同而要求输出的数据不同）。而飞行平台飞控系统可执行的指令是对平台运动状态的控制要求。与导弹制导过程类似，为实现导引头对平台运动状态的控制，需要将导引头测量输出的目标运动信息，按照导引律的要求，变换为对平台运动状态调整的要求即导引指令，才能为平台飞控系统所执行。因此，为实现闭环挂飞，在导引头与无人飞行平台之间需要有导引指令生成模块，该模块按照导引律的要求，将目标运动信息变换为导引指令。

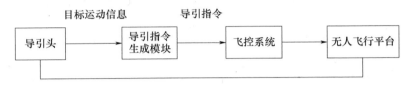

图 4.16　闭环挂飞模拟法中导引头和无人飞行平台之间的信息关系

最简单的导弹导引律是直线瞄准法（又称为直接瞄准法），而目前通用的则是以比例导引法为基础的导引律。对于直线瞄准法，要求弹轴与目标视线（导弹与目标连线）的夹角为 0°，即飞行过程中弹轴始终指向目标。因此，为模拟实现直线瞄准法导引律，要求无人飞行平台在飞行过程中其头部（模拟弹轴）始终跟踪目标视线指向目标。对于比例导引法和速度追踪法，要求导弹速度矢量转动角速度与目标视线转动角速度成正比，即：

$$\dot{\theta} = k\dot{q} \tag{4.1}$$

式中：$\dot{\theta}$ 和 $\dot{q}$ 分别为导弹速度矢量转动角速度和视线角速度；$k \geq 1$ 为导引系数或称导航比，$k > 1$ 时为比例导引法，$k = 1$ 时为速度追踪法。因此，为模拟实现比例导引法和速度追踪法导引律，要求在飞行过程中无人飞行平台速度矢量转动角速度等于 $k\dot{q}$。

下面仍然通过应用实例阐述闭环挂飞模拟法的具体实现，其中被试装备仍为 4.3.2 节中的烟幕干扰设备，通过本实例检验该装备对电视制导过程的干扰效果。

1. 试验设备

本实例中的试验设备与 4.3.2 节基本相同，不同的只是为实现导引头对飞艇运动状态的实时控制，导引头在与地空链路终端连接以实现与地面显控台之间的信息交换时，同时通过数据接口与飞艇飞控系统（含导引指令生成模块）连接，以将目标运动信息实时发送给飞控系统以控制飞艇作制导飞行。闭环挂飞试验中导引头、飞艇飞控系统、地空链路、导引头显控台、飞艇地面控制站等试验设备之间的信息关系，如图 4.17 所示。

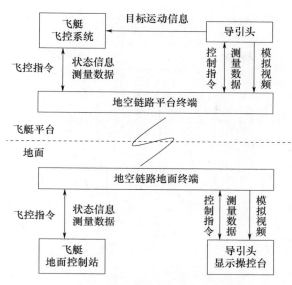

图 4.17　闭环挂飞试验中主要设备之间信息关系

　　为模拟实现比例导引律(含速度追踪法导引律),首先需要导引头能够准确测量输出目标视线角速度。如前所述,试验所用电视导引头为速率陀螺稳定平台式导引头,为稳定光轴,稳定平台上装有速率陀螺,用于实时测量光轴转动角速度,考虑到稳态时跟踪误差很小,可以利用速率陀螺测得的光轴角速度代替视线角速度。然而,速率陀螺直接输出的数据高频噪声很大,加上飞艇平台带来的随机扰动,如果不进行特别处理,实际上无法获得准确的视线角速度。图 4.18所示为一个挂飞航次中导引头测量输出的光轴角速度俯仰分量的变化曲线(细线),同时给出了根据飞艇航迹、速度测量数据计算得到的实际视线角速度的变化曲线(粗线)。由图 4.18 可见,光轴角速度测量值的随机波动很大,而且变化频率极高,其波动的均方差为 2.1°/s,远大于实际的视线角速度值(如图中粗线所示,为 0.02 ~ 0.23°/s),测量值的随机波动完全淹没了实际的视线角速度值。这种条件下,导引头实际上无法为飞艇飞控系统提供稳定、准确的视线角速度控制量,也就无从实现比例导引律。为此,必须设法滤除速率陀螺输出数据中的高频噪声以及因飞行平台运动带来的随机扰动。

　　通过对导引头直接输出数据进行分析后发现,就试验所用飞艇及其飞行条件而言,由飞艇运动带来的扰动的特征频率约为 0.5Hz,为此采用了截止频率为0.5Hz 的数字低通滤波器对导引头速率陀螺输出数据进行滤波。结果表明,利用该滤波器不仅能对速率陀螺输出数据中的随机扰动起到显著的滤波效果,而且不会对低频变化的视线角速度信号的测量产生明显影响。图 4.19 给出了地

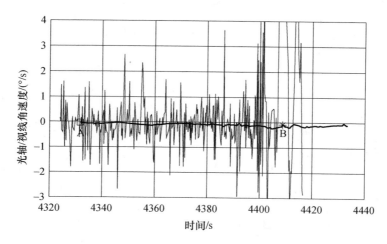

图 4.18　挂飞试验中导引头直接输出数据与实际视线角速度的比较

面模拟试验中导引头速率陀螺输出数据经滤波后的结果。试验时,导引头放在转台上,转台以 0.5Hz 频率、2°幅度转动以模拟飞艇平台扰动,在转台转动过程中,导引头跟踪远距离静止目标,视线角速度为零。图 4.20 给出了地面模拟试验中静止导引头对运动目标视线角速度的测量结果(粗线),其中目标沿水平方向按照 $10\sin(0.02\pi t)$ (°)的规律运动,相应的理论视线角速度为 $0.2\pi\cos(0.02\pi t)$ (°/s)(如图中细线所示)。

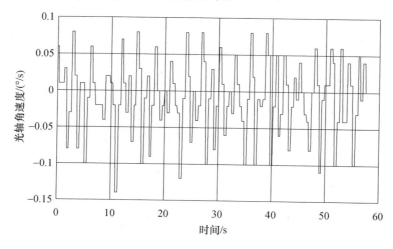

图 4.19　导引头速率陀螺输出数据滤波结果

图 4.19 的试验结果表明,经过滤波,导引头速率陀螺输出数据的随机噪声

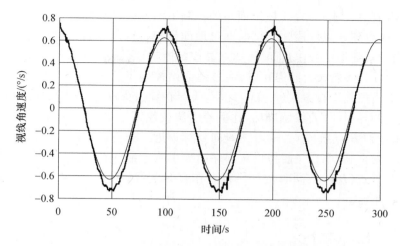

图 4.20　导引头对运动目标视线角速度的测量结果

可以降低到 0.1°/s 以下,相比滤波前的数据,噪声水平下降几十倍。在所设计的飞艇航线条件下,目标视线角速度一般为 0.1 ~ 0.5°/s,噪声水平已经满足视线角速度准确测量的需要。而图 4.20 的试验结果证明,所用滤波器对低频变化的视线角速度信号的测量也不会产生明显失真,能确保获得正确的视线角速度,满足了进行比例导引律制导模拟的基本条件。

除此以外,要实现比例导引律,根据导引方程式(4.1)要求,还需要准确测量并控制飞艇速度矢量或其转动角速度。然而,一般飞艇的惯性测量器件对飞艇速度矢量及其转动角速度的测量精度很低,不能满足模拟比例导引律的需要。在本实例中,针对试验所用飞艇的具体特点,采取了将导引控制量转化为可以精确测量控制的姿态量的方法,并编制了相应的导引指令生成模块飞艇控制程序。

2. 试验条件设置和设备布局

试验条件设置和设备布局与 4.3.2 节基本相同。由于在作制导飞行时,飞艇要在导引头引导下向地面合作目标作俯冲逼近飞行,为保证飞艇安全,要在一定高度上使飞艇停止继续向下俯冲,转而向上拉起,这一高度称为安全高度。试验中设置飞艇安全高度为 100 ~ 150m。

3. 试验过程

在本实例中,首先利用电视导引头控制所搭载飞艇分别模拟实现了直线瞄准法、速度追踪法、比例导引法制导飞行,然后以作直线瞄准法制导飞行的飞艇及电视导引头为配试干扰对象,演示了被试烟幕干扰设备对电视制导过程的干扰效果。

制导飞行试验过程如图 4.21 所示。加挂电视导引头的飞艇升空并飞到指

定进入点 O 就位,首先在飞艇地面站的控制下沿试验航线向合作目标方向作水平飞行(O 点到 A 点航段)。其间,通过地面显控台控制导引头对目标区域进行搜索,当搜索到指定合作目标后,通过显控台控制导引头捕获目标。待导引头稳定跟踪目标且飞艇飞行状态正常,通过地面站控制飞艇由自主控制飞行方式切换到导引头控制飞行方式(A 点),此后,飞艇在导引头输出导引数据的实时引导下按设定的导引律(直线瞄准法、比例导引法或速度追踪法)向合作目标作制导飞行(A 点到 B 点航段)。随着飞艇向目标逼近,飞行高度逐渐降低,当高度降低到设定安全高度时,飞艇按设定程序由导引头控制飞行方式自动切换到自主控制飞行方式(B 点),同时按程序设置作爬升飞行(B 点之后航段),从而完成一次制导飞行。

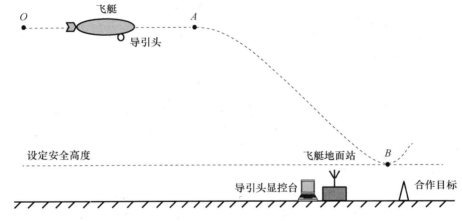

图 4.21　制导飞行试验过程

制导飞行干扰试验过程如图 4.22 所示。首先按上述制导飞行试验要求,控制飞艇按设定导引律作制导飞行(A 点到 B 点航段)。在飞行过程中,如果制导飞行状态正常,控制烟幕弹发射车发射烟幕弹,在规定方位上形成烟幕,相对飞艇进入方向对导引头选定跟踪的合作目标形成遮蔽。如果烟幕干扰使得导引头丢失目标,进入搜索状态,或者经过搜索,捕获其他目标,飞艇将可能偏离正常制导航线而飞行(如 B 点到 C 点航段),直至飞行高度降低到安全高度后拉起(C 点),从而完成一次制导飞行干扰试验。

4. 数据采集与处理

实时采集、记录各飞行航次中飞艇、导引头的各种相关数据,其中,由飞艇地面站采集、记录的数据包括时间 t、飞艇航迹[$x_a(t), y_a(t), z_a(t)$]、飞艇速度[$v_x(t), v_y(t), v_z(t)$]、飞艇姿态[俯仰角 $\vartheta(t)$、偏航角 $\psi(t)$、滚转角 $\gamma(t)$]

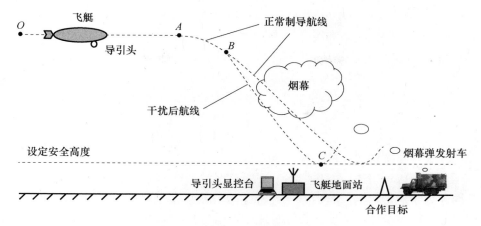

图 4.22　制导飞行干扰试验过程

等,由导引头显控台采集、记录的数据包括时间 t、离轴角[$A(t)$,$E(t)$]、跟踪状态字、跟踪误差[$\Delta A(t)$,$\Delta E(t)$]、光轴角速度[$\dot{A}(t)$,$\dot{E}(t)$]以及视频图像等。此外,需要在试验前或试验后利用定位设备标定出合作目标的位置(x_t,y_t,z_t)。

对于直线瞄准法导引律,要求弹轴与目标视线的夹角为0°,这里弹轴即飞艇艇体纵轴,其方向可由飞艇姿态角测量数据直接给出,而目标视线方向可由目标位置和飞艇航迹测量数据计算得出。以俯仰方向为例,飞艇艇体纵轴方向角即俯仰角 $\vartheta(t)$,目标视线方向角 $q_E(t)$ 可由目标位置数据(x_t,y_t)和飞艇航迹数据[$x_a(t)$,$y_a(t)$]按下式计算:

$$q_E(t) = 57.3\arctan\left(\frac{y_a(t) - y_t}{x_a(t) - x_t}\right) \ (°) \tag{4.2}$$

如果在制导飞行过程中,艇轴方向始终与目标视线方向一致,则可判定飞艇在导引头控制下按直线瞄准法导引律作制导飞行。然而,由于安装原因,电视导引头的几何纵轴可能与艇轴不完全一致,一般情况下两者存在一个小的夹角 θ_0 。由于直线瞄准法是根据导引头测量输出的离轴角实时控制飞艇,使得离轴角保持为0°,这样艇轴就并不是严格指向目标。在这种情况下,需要事先准确测量夹角 θ_0 ,在数据处理时进行相应修正。

考虑到导引头安装的初始角 θ_0 ,在没有任何测量和控制误差的理想条件下,按直线瞄准法飞行时目标视线方向角 $q_E(t)$ 与飞艇俯仰角 $\vartheta(t)$ 应严格满足 $q_E(t) - \vartheta(t) = \theta_0$ 。实际上飞艇航迹、姿态都存在一定的测量和控制误差。对于所用飞艇,俯仰角测量精度为1°,姿态控制精度为3°,定位精度6~10m,考虑到这些误差,只要 $q_E(t)$ 和 $\vartheta(t)$ 满足:

$$|E_a(t)| = |q_E(t) - \vartheta(t) - \theta_0| \leqslant 3° \tag{4.3}$$

即可认为飞艇按直线瞄准法导引律飞行。

除了上述判别方法,还可以直接根据导引头测量输出的离轴角数据判别导引律。如果在飞行过程中,导引头输出离轴角为 0°,可判定飞艇在导引头控制下按直线瞄准法导引律作制导飞行。同样地,考虑到 3° 的飞艇姿态控制精度,如果离轴角满足:

$$|E(t)| \leqslant 3° \tag{4.4}$$

即可认为飞艇按直线瞄准法导引律飞行。

对于比例导引律(包括速度追踪法导引律),飞行航迹会因导航比的不同而不同。为了定量判别飞艇制导飞行所遵循的导引律以及相应的导航比,可以采用飞艇实际飞行航迹或实测视线角速度数据与相同飞行条件及导航比下仿真计算得到的比例导引飞行理论航迹或视线角速度曲线直接进行比较的方法。

对于制导飞行干扰试验,可以通过比较干扰实施前后飞艇航迹的变化,来分析和判断干扰对制导飞行过程的影响。

5. 试验结果及其分析

1)直线瞄准法制导飞行试验

在直线瞄准法制导飞行试验中,合作目标为图 4.4 中所示 2 号目标,飞艇进入点距离目标约 3.6km,高度设为 350m,安全高度设为 150m。

图 4.23 为根据飞艇航迹测量数据得到的飞艇航迹图,其中图 4.23(a)、(b)分别为俯视图、侧视图,图中实线表示实际飞行航迹,O 点为飞艇进入点,A 点和 B 点分别为导引头控制飞行的起始点和结束点,T 点为合作目标所在位置。对于直线瞄准法导引律,如果不受风的影响,理论上飞行航迹应为一条指向目标的直线,如图 4.23(b)中虚线所示。

从图 4.23(b)中可以看出,从进入点 O 开始到切入导引头控制飞行方式(A 点)之前,飞艇在自主控制下按设定航线基本上作水平飞行(由于风的影响,航迹不够平直,从图 4.23(a)也可看出),而在 A 点切入导引控制后,飞艇立刻就以近乎直线的航线向目标作俯冲逼近飞行,直至降到 150m 的安全高度后保护性地按程序设定拉起(B 点)。其中,在从 A 点到 B 点的导引控制飞行段,实际航迹与直线瞄准法导引律的理论航迹基本一致,表明飞艇在导引头的实时引导下按设定的直线瞄准法导引律作制导飞行。从图中也可看出,与自主控制段的航迹相比,导引控制段的航迹明显要平直一些,表明在导引控制状态下,对飞艇飞行状态的控制能力增强,使其更能对抗风的干扰。

图 4.24 所示为根据飞艇姿态、航迹测量数据计算得到的飞行过程中飞艇艇体纵轴与目标视线夹角 $E_a(t)$ 的变化曲线(粗线),以及导引头测量输出的俯仰

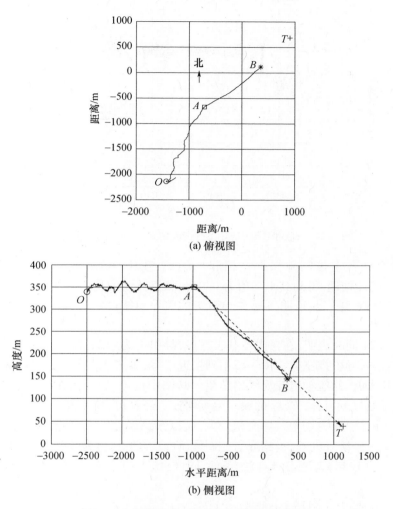

图 4.23　直线瞄准法制导飞行试验飞艇航迹

方向离轴角 $E(t)$ 的变化曲线(细线),其中 A 点和 B 点分别为导引控制的起始点和结束点。经飞艇起飞前测量标定,导引头安装初始角 $\theta_0 \approx 1°$,按前述数据处理要求,在计算 $E_a(t)$ 时,已作了相应修正。

由图 4.24 可见,飞艇在切入导引控制之前的自主控制飞行段,艇轴—视线夹角即视线角 $E_a(t)$ 通常是比较大的(其原因是显然的,因为飞艇作平飞时,飞艇艇头即飞行方向必然与目标视线有一定夹角,且随着目标越来越近,该夹角会越来越大),而一旦切入导引控制,$E_a(t)$ 在 5s 内迅速减小到接近于零,此后在整个导引控制段,$E_a(t)$ 保持在零值附近随机波动,直至飞艇降到安全高度后,

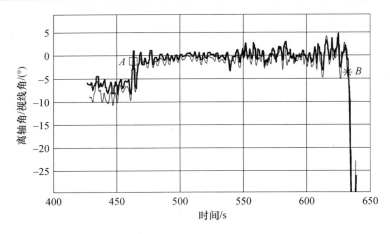

图4.24 直线瞄准法制导飞行试验中离轴角/视线角的变化

自动切换到自主控制并保护性拉起，$E_a(t)$ 急剧增大。通过对导引控制段 $E_a(t)$ 的统计处理，得到其平均值为 0.04°，随机波动的均方差为 1.22°，满足式 (4.3) 的条件，进一步证明飞艇在导引头的引导下按设定的直线瞄准法导引律作制导飞行。

图4.24 同时表明，在自主控制飞行段，导引头为跟踪目标，离轴角 $E(t)$ 较大，而在进入导引控制后，$E(t)$ 减小到接近于零，显然这是飞艇飞控系统按照导引律的要求，控制艇轴追踪视线的结果。从图中也可以看出，在导引控制段，随着飞艇逐渐接近目标，$E(t)$ 的波动幅度增大。经分析，其原因在于，随着飞艇逼近目标，在导引头视场中目标面积变大，所以跟踪误差增大，导致离轴角的随机波动增大。经统计处理，得到导引控制段 $E(t)$ 的平均值为 −0.8°，其随机波动的均方差为 1.4°，满足式(4.4)的条件，同样也证明了飞艇在按设定的直线瞄准法导引律飞行。

2) 比例导引法制导飞行试验

比例导引法制导飞行试验这里介绍两个航次的试验结果。在航次1中，飞艇进入点高度设为 350m，安全高度设为 120m，飞艇起始爬升角约 7.5°，合作目标为图4.4 中所示2号目标，导航比设为 $k=1$，实际上为速度追踪法，属于比例导引法的一个特例。

图4.25 给出航次1飞艇航迹图，实线为实飞航迹，其中 A 点和 B 点分别为导引控制的起始点和结束点。为便于准确判别制导飞行所遵循的导引律，图中同时给出了通过仿真计算得到的相同飞行条件下导航比 k 分别为 1、3 和 10 时的比例导引理论航迹（虚线）。由图可见，飞艇的实飞航迹表现出明显的向目标方向的制导飞行状态，而且与 $k=1$ 的比例导引理论航迹非常吻合，表明飞艇在

导引头的实时引导下按设定导航比作比例导引飞行。

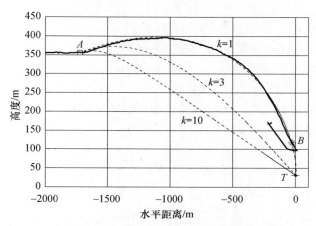

图 4.25　比例导引法制导飞行试验航次 1 飞艇航迹

图 4.26 给出了航次 1 中导引头测量输出的俯仰方向光轴（视线）角速度数据（细实线）和根据飞艇航迹、速度测量数据计算得到的俯仰方向视线角速度（粗实线），同样也给出了三种导航比下俯仰视线角速度的仿真计算结果（虚线）。由图可见，导引头测量得到的视线角速度数据与根据飞艇测量数据得到的实际视线角速度相比，除了随机噪声稍大以外基本一致，表明经过滤波降噪处理后，导引头可以正确测量输出目标视线角速度，证明了所采取滤波降噪措施的有效性。同时，实测视线角速度数据表现出与 $k=1$ 时比例导引律的仿真计算结果基本一致的发散特征，进一步证明了飞艇在按设定导航比 $k=1$ 作比例导引飞行。

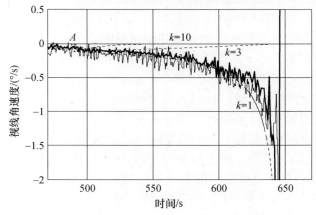

图 4.26　比例导引法制导飞行试验航次 1 中视线角速度的变化

图 4.27 给出了航次 1 中导引头测量输出的俯仰方向离轴角 $E(t)$（细线）

和根据飞艇姿态、航迹测量数据计算得到的艇轴－视线夹角即视线角 $E_a(t)$（粗线）的变化，其变化特征与图 4.24 所示直线瞄准法制导飞行试验中 $E(t)$、$E_a(t)$ 数据的变化特征明显不同。在图 4.24 中，在切入导引控制后，$E(t)$、$E_a(t)$ 马上减小到接近于零，这是飞艇飞控系统按照直线瞄准法导引律的要求，控制艇轴追踪视线的必然结果。而对比例导引律，控制量不是艇轴方向，而是飞艇速度矢量转动角速度，$E(t)$、$E_a(t)$ 不会有立刻收敛到零的变化特征。因此，从图 4.27 中离轴角/视线角的变化特征也可以显著区别于直线瞄准法导引律。

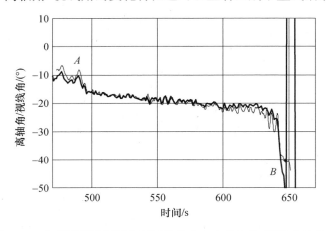

图 4.27　比例导引法制导飞行试验航次 1 中离轴角/视线角的变化

在比例导引法制导飞行试验航次 2 中，飞艇进入点高度设为 450m，安全高度设为 100m，合作目标仍为 2 号目标，导航比设为 $k=3$，为典型的比例导引法。与航次 1 试验条件明显不同的是，本航次切入导引控制时飞艇到目标的距离减小到近 1km，以尽可能获得较大的初始视线角速度，从而得到特征更加明显的视线角速度变化曲线。

图 4.28 给出了航次 2 飞艇航迹图（实线为实飞航迹），图 4.29 给出了该航次中导引头测得的俯仰光轴（视线）角速度（细实线）和根据飞艇测量数据计算得到的视线角速度（粗实线），两图中也给出了 $k=1$、$k=3$ 和 $k=10$ 三种导航比下比例导引航迹和俯仰视线角速度的仿真计算结果（虚线），以便于准确判别导引律。

图 4.28 表明，飞艇实飞航迹与 $k=3$ 的比例导引理论航迹基本一致。由图 4.29 可见，实测视线角速度数据随着飞艇逼近目标而缓慢收敛，也与仿真计算得到的 $k=3$ 的比例导引理论曲线变化趋势一致。这些结果都证明飞艇在按设定的导航比 $k=3$ 作比例导引飞行。

3）制导飞行干扰试验

在制导飞行干扰试验中，合作目标为图 4.4 中所示 3 号目标，飞艇进入点距

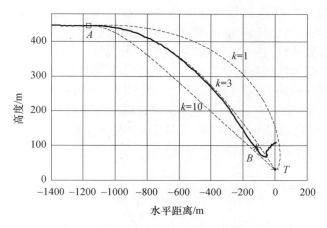

图 4.28 比例导引法制导飞行试验航次 2 飞艇航迹

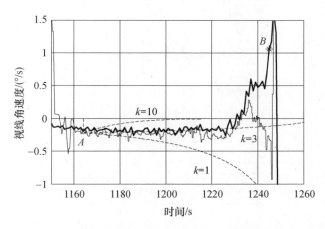

图 4.29 比例导引法制导飞行试验航次 2 中视线角速度的变化

离目标约 2.6km，高度设为 420m，安全高度设为 120m，发射烟幕弹 4 发。

　　图 4.30 为根据飞艇航迹测量数据得到的飞艇航迹图，其中图 4.30(a)、(b) 分别为俯视图、侧视图，图中 O 点为飞艇进入点，A 点为导引控制的起始点，B 点为干扰起效点，C 点为导引控制结束点，T 为合作目标所在位置。从图 4.30(b) 中可以看出，从 O 点开始到切入导引控制(A 点)之前，飞艇在自主控制下按设定航线作水平飞行。在 A 点切入导引控制后，飞艇以近乎直线的航线向导引头选定跟踪的 3 号目标作制导飞行。此间，发射车发射烟幕弹形成烟幕，并对目标形成遮蔽，导致导引头丢失目标进入搜索状态，进而导致飞艇开始逐渐偏离正常制导航线(B 点)。此后经过一段过渡后，飞艇又沿着近乎直线的航线向地面俯冲飞行，但该航线指向明显偏离 3 号目标，与实施干扰之前飞艇指向 3 号目标的

制导飞行航线完全不同,如果按该航线飞下去,必定使飞艇远离预定的 3 号目标。最后,当飞行高度降到 120m 的安全高度时,飞艇拉起(C 点)。图 4.30(b)中干扰后飞艇航迹经过一段过渡后又成为一条直线,表明飞艇又开始在导引头的引导下按直线瞄准法导引律作制导飞行。这说明,由于试验用导引头具有较强的目标探测跟踪能力,在受烟幕干扰丢失目标后,经过一段时间的搜索,在另外的方向上捕获并跟踪上新的目标,之后按照原设定的导引律又向着新目标方向作制导飞行。从航迹数据可计算得到,新目标距离原预定跟踪的 3 号目标约 340m。

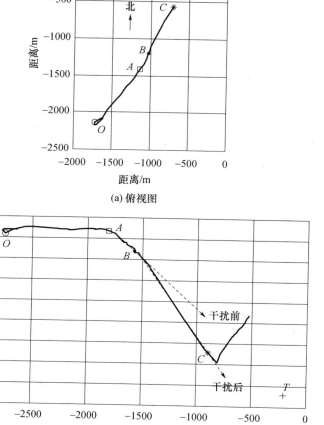

(a) 俯视图

(b) 侧视图

图 4.30   制导飞行干扰试验飞艇航迹

图 4.31 给出了试验中导引头跟踪状态字和跟踪误差的变化曲线。由图可见,在实施干扰前,导引头稳定跟踪目标,跟踪误差在零值附近波动。实施干扰后,导引头丢失目标,处于搜索状态,跟踪误差输出为零。经过一段时间的搜索(期间偶尔有短暂捕获),导引头又捕获并跟踪上目标,重新输出跟踪误差。可以看到,在导引头跟踪上新目标后,跟踪并不稳定,偶尔还会短暂丢失目标。

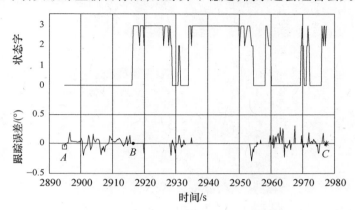

图 4.31　制导飞行干扰试验中导引头跟踪状态字和跟踪误差的变化

上述结果从导引头记录的视频图像也得到验证。如图 4.32 所示,图 4.32(a)为实施干扰前导引头稳定跟踪 3 号目标,飞艇作制导飞行;图 4.32(b)为 4 发烟幕弹被发射到空中爆炸燃烧形成烟幕,导引头的跟踪受到干扰,出现跟踪不稳定、跟踪波门抖动现象;图 4.32(c)为导引头丢失目标,进入搜索状态;图 4.32(d)为导引头经过一段时间的搜索后,捕获并锁定跟踪 3 号目标以南较远处的一片亮目标,飞艇向该目标方向作制导飞行。由图 4.32(d)可解释图 4.31 中导引头跟踪上新目标后跟踪不稳定的现象。因为从图 4.32(d)可见,新目标并非规则的小目标,而是地面积水因反射阳光形成的大片絮状目标,所以导致跟踪不稳定。

4.3.4　小结

与地面模拟法一样,挂飞模拟法利用导引头代替导弹作为配试干扰对象,可反复使用,通过多次重复试验取得进行统计分析所需足够多的试验数据,避免了消耗导弹,安全风险和试验费用相比实弹打靶法大大降低。同时,挂飞模拟法克服了地面模拟法的局限性,通过将导引头挂飞,可以在一定程度上模拟导弹逼近目标飞行和近似实战的动态对抗态势,进而可在动态条件下检验电子干扰对导引头导引信息测量的影响,从而能够比较全面、准确地反映导引头在干扰条件下产生的实际效应。

在两种挂飞模拟法中,开环挂飞模拟法不需要利用导引头控制平台的飞行,

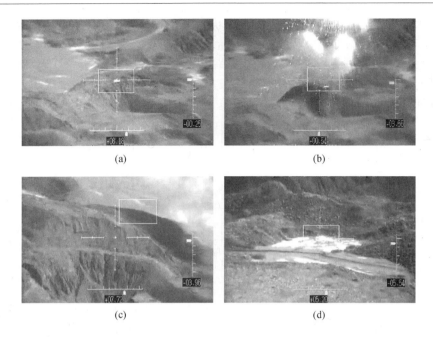

图 4.32　制导飞行干扰试验中导引头记录图像

实施起来简便易行且安全性高,不足之处是只能检验被试装备对导引头的干扰效果;闭环挂飞模拟法利用导引头实时控制平台作制导飞行,其中既有导引头的跟踪闭环过程,又有载体即飞行平台的控制闭环过程,从而可在一定程度上模拟导弹的双闭环制导控制过程,将其作为配试干扰对象应用于电子对抗试验,可以检验电子干扰对导引头,进而通过控制系统对整个载体飞行状态的影响,从而可以形象直观、定性地演示被试装备对导弹制导过程的干扰效果。

　　当然,尽管利用闭环挂飞模拟法可以模拟实现导弹导引律,但由于作为载体的无人飞行器与导弹在气动和飞行特性上有很大差距,因此不可能依靠该方法给出精确定量的干扰效果。尽管如此,在不具备实弹打靶试验条件时,闭环挂飞模拟法未尝不是一种经济可行的导弹电子干扰效果的直观演示方法,具有一定的应用价值。

4.4　仿真法

4.4.1　概述

　　随着仿真技术特别是导弹仿真技术的日益成熟,仿真法越来越多地应用于导弹电子干扰效果的试验评估。仿真法是基于专门构建的导弹电子干扰仿真试验系统,通过仿真电子对抗装备对导弹的干扰过程来检验干扰效果。根据导弹电子干扰仿真试验系统中是否有实物或物理实体,仿真法一般可分为全数字仿真法和半实物仿真法两类。

全数字仿真法是指试验系统中包括被试电子对抗装备、配试导弹、目标和环境等在内的全部环节都采用仿真模型,然后在计算机上对导弹的目标攻击过程、被试装备对导弹的干扰过程进行仿真的方法。全数字仿真法不涉及任何实物或物理实体,只是在计算机上通过仿真模型来进行导弹电子干扰效果仿真,因此是最便捷、最经济的试验方法。在仿真模型足够精细、准确、完备的条件下,通过这种方法,可以对导弹电子干扰过程进行深入细致的研究。

半实物仿真法是指试验系统中的部分环节采用实物或物理实体,其他环节则采用仿真模型,一起组成半实物仿真试验系统,在仿真室内进行的导弹电子干扰效果试验。对于试验系统中的有些环节,如果仿真模型能够达到所要求的置信度,就可以采用仿真模型。然而,对于试验系统中一些复杂的非线性环节或未知环节(如被试装备对导引头的干扰效应),由于很难建立仿真模型或者模型不准确,这些部分通常以实物直接参与或以物理实体模型代替,以避免准确建模的困难或因建模带来的不确切性,于是形成半实物仿真试验系统。

无论是全数字仿真法,还是半实物仿真法,其试验结果的置信度均依赖于试验系统中各环节模型的置信度。虽然导弹仿真技术已经比较成熟,导弹相关模型的置信度可以得到保证,但被试电子对抗装备对导弹干扰效应的相关模型涉及复杂的干扰机理,由于认识水平局限,这些模型通常是很难准确构建的,这是仿真法的主要难点之一。

在对导弹实施电子干扰的过程中,决定干扰效果的关键环节是被试电子对抗装备对导引头的干扰效应,如上所述,与干扰效应相关的模型通常很难准确构建,所以只能通过被试电子对抗装备对导引头的实际干扰试验来获得。干扰过程中其他一些难以通过实体试验实现的环节,例如,导引头受干扰后通过控制系统对导弹系统整体的影响,则可以基于成熟的导弹仿真技术进行仿真实现。根据这一思路,本节重点介绍一种基于导引头挂飞干扰试验和导弹飞行仿真的导弹电子干扰效果仿真试验方法,其基本流程如图 4.33 所示。

(1) 构建实用的导弹数字仿真系统。该系统可以通过全数字仿真逼真模拟导弹末制导段六自由度飞行过程,给出各种误差因素存在条件下和不同初始条件下导弹的飞行弹道和脱靶量。对被试装备干扰效果试验评估结果的置信度在很大程度上决定于导弹数字仿真系统的置信度,为保证干扰效果试验评估结果的置信度,要求导弹数字仿真系统必须经过校验。

(2) 基于实际干扰试验构建导引头干扰效应模型。通过配试导引头的挂飞干扰试验,获得动态条件下被试电子对抗装备对导引头干扰效应的实测数据,通过比较干扰前后导引头测量输出数据的变化,分析电子干扰对导引头性能的影响规律,在此基础上构建被试装备对导引头干扰效应的模型。为保证模型的置信度,可通过多次挂飞干扰试验对模型进行校验。

(3)将导引头干扰效应模型以合理方式加入导弹数字仿真系统,再通过运行该系统,进行干扰条件下的导弹飞行仿真试验,获得实施干扰后导弹的飞行弹道和脱靶量。

(4)将实施干扰后导弹的飞行弹道或脱靶量与无干扰时导弹数字仿真系统进行飞行仿真试验得到的正常飞行弹道或脱靶量进行比较分析,按照一定的评估准则评估被试电子对抗装备对导弹的干扰效果。

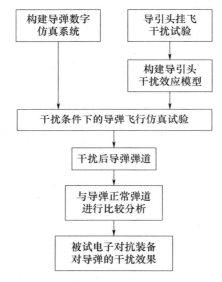

4.33 一种导弹电子干扰效果仿真试验法的基本流程

根据4.3.2节开环挂飞模拟法试验实例中的试验结果,电子干扰对导引头的影响是多方面的,如引起跟踪状态字和跟踪误差的变化,影响导引头对目标视线角、视线角速度的正确测量等,从不同方面的影响考虑可以构建不同的导引头干扰效应模型。相应地,结合导弹数字仿真系统,就有不同的具体仿真试验方法。以下仍以4.3.2节所述烟幕干扰设备对典型空地电视制导导弹干扰效果的试验评估为例,介绍仿真法的具体实现。

4.4.2 应用实例

1. 导弹数字仿真系统构建

根据上述方法,首先需要构建一套实用的导弹数字仿真系统。导弹数字仿真系统的具体组成因被模拟导弹的种类、型号而异,一般包括弹体运动学和动力学、大气参数及气动特性计算、发动机推力及弹体特性计算、制导控制系统等几类模型。

　　本实例中采用的导弹数字仿真系统是利用 MATLAB Simulink 仿真工具,针对典型空地战术导弹开发的,由导弹质心运动学模型、质心动力学模型、绕质心转动动力学模型、气动力及气动力矩计算模块、角度解算模块、过载计算模块、俯仰/偏航导引头模型、俯仰/偏航/滚转通道控制系统模型、速率陀螺模型、加速度计模型、舵机模型、弹目相对运动视线角计算模块、目标运动模型、脱靶量计算模块等 20 余个模型(模块)组成,这些模型按照导弹内部各部分之间复杂的信息关系互相耦合在一起。导弹数字仿真系统的总体结构及各部分之间的输入/输出关系如图 4.34 所示,其中动力学部分、制导控制系统部分的组成及其内部各模型之间的输入/输出关系分别如图 4.35、图 4.36 所示。

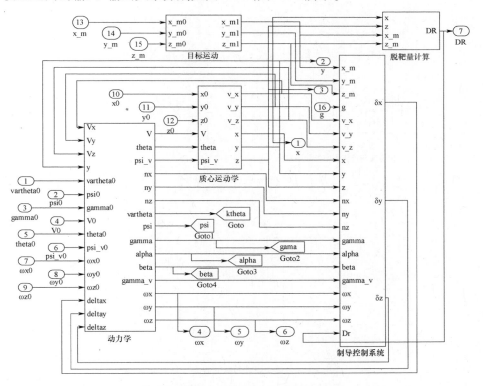

图 4.34　导弹数字仿真系统总体结构及各部分之间输入/输出关系

　　该系统运行时,需要输入的初值主要包括:导弹位置坐标 x_0、y_0、z_0 ,速度大小及方向角 v_0、θ_0、ψ_{t0} ,弹体姿态角 ϑ_0、ψ_0、γ_0 ,弹体转动角速度分量 ω_{x0}、ω_{y0}、

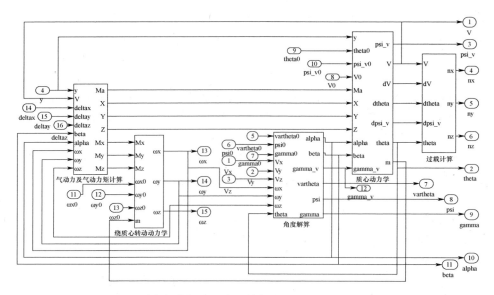

图 4.35　动力学部分组成及其各模型之间输入/输出关系

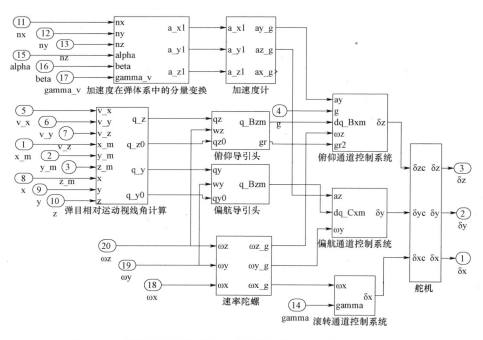

图 4.36　制导控制系统部分组成及其各模型之间输入/输出关系

ω_{z0} ,目标位置坐标 x_{m0} 、y_{m0} 、z_{m0} 等。系统运行后的输出变量主要包括:导弹位置坐标 x 、y 、z ,弹体转动角速度分量 ω_x 、ω_y 、ω_z ,导弹弹着点相对于目标位置的脱靶量 DR 等。

导弹数字仿真系统中直接体现干扰效应的环节是导引头模型,为此这里特别介绍一下上述系统中的俯仰/偏航导引头模型。该系统中导引头采用典型的速率陀螺稳定跟踪系统,考虑到弹体转动角速度的耦合,构建的导引头模型如图 4.37 所示。本实例中导弹数字仿真系统采用比例导引律,导引头模型的输入变量为 q_z 、q_y (来自弹目相对运动视线角计算模块)和 ω_z 、ω_y (来自绕质心转动动力学模型),输入初值为 q_{z0} 、q_{y0} (来自弹目相对运动视线角计算模块),输出变量为 $\dot{q}_z$ (俯仰方向视线角速度)、$\dot{q}_y$ (偏航方向视线角速度)。

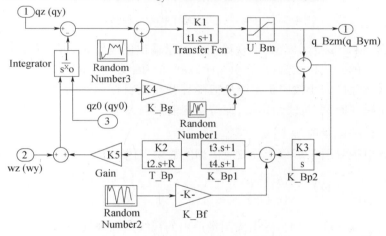

图 4.37　俯仰/偏航导引头模型(比例导引律)

2. 导引头干扰效应模型构建

如前所述,被试电子对抗装备对导引头的干扰效应是决定其对导弹干扰效果的关键环节,导引头干扰效应模型的准确性是决定导弹电子干扰效果仿真试验结果置信度的最重要的因素。为了确保仿真试验结果的置信度,必须基于被试装备对导引头的实际干扰试验来获得导引头干扰效应实测数据或模型。对于本实例中的被试烟幕干扰设备,4.3.2 节中已经通过配试电视导引头的开环挂飞干扰试验,获得了其对电视导引头干扰效应的实测数据,并根据实测数据获得了烟幕干扰对电视导引头性能的影响规律。基于这些规律,可以得到如图 4.38 所示的导引头干扰效应模型,其中(a)、(b)分别为干扰实施过程中导引头测量输出的视线角、视线角速度的变化曲线(时间零点取为导引头跟踪状态字跳变时刻)。

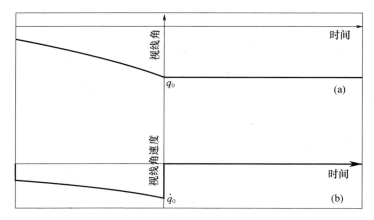

图 4.38　电视导引头烟幕干扰效应模型示意图

根据图 4.38 所示模型,电视导引头测量输出的视线角、视线角速度在烟幕干扰过程中的变化特征是:在导引头跟踪状态字因受干扰而跳变前,其测量视线角和视线角速度大小按照正常测量值随导弹接近目标而逐渐增大,直到干扰导致状态字跳变时刻,视线角锁定,保持跳变前一刻大小 q_0 不再变化,视线角速度则由跳变前一刻量值 $\dot{q}_0$ 跳变为零。

上述电视导引头烟幕干扰效应模型的数学表述如下:

$$q_g(t) = \begin{cases} q_r(t), & t < t_0 \\ q_r(t_0), & t \geq t_0 \end{cases}, \quad \dot{q}_g(t) = \begin{cases} \dot{q}_r(t), & t < t_0 \\ 0, & t \geq t_0 \end{cases} \tag{4.5}$$

式中: $q_g(t)$、$\dot{q}_g(t)$ 分别为导引头测量输出的视线角和视线角速度; $q_r(t)$、$\dot{q}_r(t)$ 分别为实际视线角和视线角速度; t_0 为导引头跟踪状态字跳变时刻。需要说明的是,实际视线角 $q_r(t)$ 和视线角速度 $\dot{q}_r(t)$ 因导弹具体飞行过程而异,由导弹数字仿真系统根据弹目相对运动关系实时解算得到,一般没有通用的解析式。

3. 导弹干扰仿真试验

根据上述方法,在构建导弹数字仿真系统和导引头干扰效应模型后,就可以将两者结合起来,进行干扰条件下的导弹飞行仿真试验。按照上述导引头干扰效应模型,干扰对导引头的影响主要表现为对视线角、视线角速度测量的影响,以下分别从干扰对视线角速度测量、视线角测量的影响出发进行导弹干扰仿真试验。

1）视线角速度注入试验

首先根据干扰对视线角速度测量的影响进行导弹干扰仿真试验,这时,导引头干扰效应模型以视线角速度数据形式从上述导弹数字仿真系统中导引头模型

（图 4.37）的视线角速度输出端也即制导控制回路的输入端注入,如图 4.39 所示（以俯仰方向为例）。

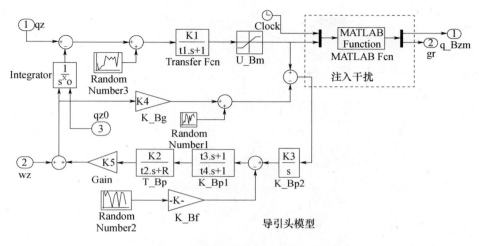

图 4.39　视线角速度注入节点示意图

视线角速度注入试验原理如图 4.40 所示,按照图 4.38(b)所示导引头干扰效应模型要求,在导引头跟踪状态字跳变之前,利用导引头模型计算输出的视线角速度作为制导控制回路的输入导引数据;在导引头状态字跳变后,将导引头模型输出视线角速度置零。

图 4.40　视线角速度注入试验原理

按上述方法运行导弹数字仿真系统进行 8km 以内末制导段飞行仿真,得到干扰条件下导弹的末制导段飞行弹道。试验条件为:预期攻击目标位置（8000m, 0, 0）,仿真开始时刻（$t = 0s$）导弹位置（0, 800m, 0）,速度（260m/s, 0, 0）,施加干扰导致导引头跟踪状态字跳变时刻 $t = 31s$。为提高试验结果的置信度,采用蒙特卡罗随机仿真,仿真次数 200。图 4.41 给出 XY 平面（垂直面）内的导弹飞行弹道（实线）（图中干扰起效点为导引头状态字跳变时刻）,相应的 XZ 平面（水平面）内导弹平均弹着点相对于预期攻击目标的脱靶量为 355.9m,反映弹着点散布误差和导弹射击精度的圆概率误差（CEP）为 73.9m。为评估干扰效果,图4.41同时给出了不加干扰时运行导弹数字仿真系统得到的导弹正常飞行弹道(虚线),相应的 XZ 平面内脱靶量为0.6m,圆概率误差为1.4m。

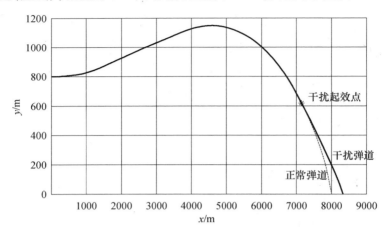

图4.41　视线角速度注入试验导弹飞行弹道

根据试验结果,相对于正常飞行弹道,在施加烟幕干扰条件下,导弹飞行弹道发生了显著变化,导致弹着点的脱靶量由0.6m增大至355.9m,同时圆概率误差也由1.4m增大至73.9m。这表明,被试烟幕干扰设备对由配试电视导引头和上述导弹数字仿真系统所代表的空地电视制导导弹会有显著的干扰效果,使其弹着点的脱靶量和散布范围大幅度增大。

2)视线角注入试验

视线角注入是根据干扰对视线角测量的影响进行的导弹干扰仿真试验。

视线角控制属于对导弹弹轴相对于目标视线的位置进行控制的情况,这种情况最典型的导引律是直线瞄准法。为演示视线角注入法,需要结合采用相应导引律的导弹数字仿真系统进行导弹干扰仿真试验。为此,在上述比例导引律导弹数字仿真系统的基础上,主要通过修改导引头模型和制导控制回路模型,构建了采用直线瞄准法导引律的导弹数字仿真系统。

为实现直线瞄准法导引律,要求导引头能够测量输出目标视线角数据,为此,在原比例导引律导弹数字仿真系统导引头模型的基础上,从跟踪回路中引出光轴指向角作为测量视线角,同时考虑到角度测量元件的测角精度,加入一定的测量随机噪声,便得到直线瞄准法导弹数字仿真系统的导引头模型,如图4.42所示。

试验时,导引头干扰效应模型以视线角数据形式从直线瞄准法导弹数字仿真系统导引头模型的视线角输出端也即制导控制回路的输入端注入,如图4.43所示(以俯仰方向为例)。

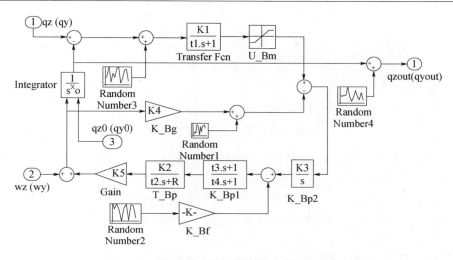

图 4.42　俯仰/偏航导引头模型（直线瞄准法导引律）

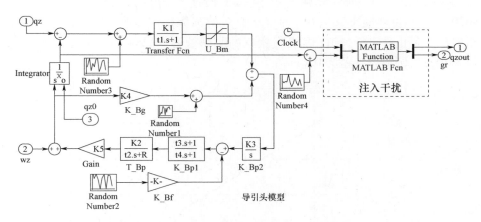

图 4.43　视线角注入节点示意图

视线角注入试验原理如图 4.44 所示,按照图 4.38(a)所示导引头干扰效应模型要求,在导引头跟踪状态字跳变之前,利用导引头模型计算输出的视线角作为制导控制回路的输入导引数据;在导引头状态字跳变后,视线角锁定为状态字跳变时刻值不变。

按上述方法运行直线瞄准法导弹数字仿真系统进行 8km 以内末制导段飞行仿真,得到干扰条件下导弹的末制导段飞行弹道。试验条件为:仿真开始时刻 $(t = 0s)$ 预期攻击目标位置(8000m, 0, 0),导弹位置(0, 1000m, 0),速度(250m/s, 0, 0),施加干扰导致导引头跟踪状态字跳变时刻 $t = 27s$。采用蒙特卡罗随机仿真,仿真次数 100。对于直线瞄准法导引律,如果预期攻击目标是静

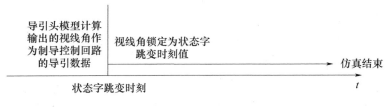

图 4.44　视线角注入试验原理

止的,导弹在经过短暂的初始制导飞行过程后即会以近似直线的弹道指向目标飞行,此间如果因受干扰导致导引头丢失目标,导弹启动抗干扰策略,一般以丢失目标前一刻的速度方向作惯性飞行。由于原速度方向本来就指向目标,因此在弹道上表现出的干扰效果并不显著。因此,在视线角注入试验中,采用运动目标,设目标以 20m/s 的速度沿 X 轴正向运动。

试验结果如图 4.45 所示。图中给出 XY 平面内的导弹飞行弹道(实线),相应的 XZ 平面内导弹平均弹着点相对于预期攻击目标(位置坐标平均值 8690.9m)的脱靶量为 166.7m,弹着点散布的圆概率误差为 23.2m。图中同时给出了导弹正常飞行弹道(虚线),相应的脱靶量为 55.9m(目标位置坐标平均值 8701m),圆概率误差为 0.6m。

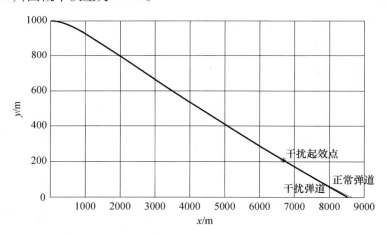

图 4.45　视线角注入试验导弹飞行弹道

有必要说明的是,与不加干扰时比例导引法导弹数字仿真系统的飞行仿真结果相比,直线瞄准法导弹数字仿真系统仿真得到的正常飞行弹道的脱靶量明显增大,这一结果是正常的,因为从原理上讲,对于运动目标,直线瞄准法导引律的制导精度要比比例导引律差。

4.4.3　小结

与各种外场试验方法相比,仿真法在试验耗费、试验条件、试验样本等方面都具有显著优势,特别是在导弹仿真技术日益成熟的条件下,在有限外场试验的基础上充分应用导弹仿真技术,是导弹电子干扰效果试验技术发展的必然趋势。

本节阐述了一种基于导引头挂飞干扰试验和导弹飞行仿真的导弹电子干扰效果仿真试验方法,先通过挂飞模拟法获得被试电子对抗装备对导引头干扰效应的实测数据或模型,再注入导弹数字仿真系统,进行干扰条件下的导弹飞行仿真试验,最后根据大量仿真试验结果评估被试装备对导弹的干扰效果。与挂飞模拟法、地面模拟法只能检验被试装备对导引头的干扰效果不同,该方法由于结合了导弹数字仿真系统,可以获得实施干扰后的导弹飞行弹道,从而可以检验、评估被试装备对导弹的干扰效果。与一般的全数字仿真法也不同,由于体现导弹干扰效果的关键环节——导引头干扰效应模型是基于导引头挂飞干扰试验实测数据而构建,因此得到的试验结果更为真实可信。与实弹打靶法相比,该方法的突出优点在于简便易行、费用低廉,因此可以大量应用。通过相对简便经济的导引头挂飞干扰试验获得导引头干扰效应实测数据或模型,再结合导弹数字仿真系统,可以进行任意多次不受限制的导弹飞行干扰仿真试验,从而得到统计意义上更为可靠的试验结果。总之,这种方法可以较好地解决导弹电子干扰效果试验中试验结果的置信度与试验组织实施的复杂性、费用代价之间的矛盾,有希望从根本上解决导弹干扰效果试验评估问题,具有良好的应用前景。

第 5 章　导弹干扰效果评估

在完成了电子干扰效果试验后,需要根据试验结果定性或定量评价被试电子对抗装备对被干扰对象的干扰效果,这属于干扰效果评估的范畴。本章首先明确了干扰效果评估的有关概念,包括干扰效果、干扰效果评估、干扰效果评估准则、干扰效果评估指标、干扰效果等级等。接着,介绍了两类在干扰效果试验评估领域中普遍应用的一般评估准则,即概率准则和效率准则。然后,梳理分析了导弹相关性能指标,包括制导误差、脱靶量、制导精度、命中概率、杀伤概率等;在此基础上,分别针对实弹打靶法、地面模拟法、挂飞模拟法和仿真法等几类导弹干扰效果试验方法,阐述了适用的干扰效果评估准则。

5.1　干扰效果评估有关概念

电子对抗领域中的干扰效果,一般是指电子对抗装备实施电子干扰后,对被干扰对象即敌方电子信息系统(如精确制导武器系统)、电子设备或人员产生的干扰、损伤或破坏效应。干扰效果评估是指根据一定的评估准则,对这种干扰、损伤或破坏效应的定性或定量评价。

干扰效果评估的核心问题是干扰效果评估准则(Evaluation Rules for Jamming Effect)。干扰效果评估准则是在评估干扰效果时所遵循或依据的基本要素,具体解决的问题是确定用于衡量、表征干扰效果的合理的评估指标和干扰效果等级。

干扰效果评估指标,是指为衡量、表征干扰效果,需要检测的被干扰对象与干扰效应有明显关联,或会受干扰显著影响的关键性能或指标。以被干扰对象为导弹为例,其制导精度、弹着点的脱靶量、命中概率、杀伤概率等,都是反映武器战术性能的关键性能指标,对导弹实施电子干扰时,一般都会影响这些性能,导致相应指标发生变化。因此,可以选择这些性能指标作为评估指标,通过检测并分析实施干扰前后它们的变化情况来评估干扰效果。

干扰效果等级,是指根据评估指标量值大小对被干扰对象的性能或完成规定任务的能力的影响程度,确定出的干扰无效、干扰有效或一级干扰、二级干扰、三级干扰等用以表征干扰效果达到的不同程度的量化等级,以及与各等级相对应的评估指标量值。

　　显然,对于不同的电子干扰和被干扰对象,甚至不同的试验方法,有不同的干扰效果评估指标,也就有不同的干扰效果等级和干扰效果评估准则。因为干扰效果是实施电子干扰后对被干扰对象所产生的干扰、损伤或破坏效应,即干扰效果直接体现在被干扰对象性能或完成任务能力的变化上,所以决定干扰效果评估准则的主导因素在于被干扰对象。因此,在确定干扰效果评估准则时,需要从被干扰对象的角度出发,以电子干扰作用前后被干扰对象与干扰效应有明显关联,或会受干扰显著影响的关键性能或指标的变化为依据,来确定干扰效果评估指标并划分干扰效果等级。这是在确定干扰效果评估准则时需要遵循的基本原则。

　　干扰效果评估准则是进行干扰效果评估的依据。一般地,在确定了干扰效果评估准则后,通过检测实施电子干扰前后被干扰对象评估指标量值的变化,再对照干扰效果等级划分标准,便可以确定被试电子对抗装备对被干扰对象的干扰是否有效或所达到的干扰效果等级。

5.2　干扰效果一般评估准则

　　本节介绍两类在电子干扰效果试验评估领域中普遍应用的一般评估准则,即概率准则和效率准则,这是后续提出的各种具体干扰效果评估准则的基础。

5.2.1　概率准则

　　概率准则是通过比较被干扰对象(如雷达或导弹)在有无电子干扰条件下,完成同一任务的概率来评估干扰效果。比较基准是无干扰条件下,被干扰对象完成同一任务的概率。

　　对于雷达,以目标搜索指示雷达为例,目标发现概率(即检测概率)是决定其战术性能的关键指标。实施有效电子干扰必然影响其发现概率,所以可以采用发现概率作为干扰效果评估指标,以实施干扰后发现概率的下降程度来评估干扰效果。根据 2.8 节,对目标搜索指示雷达实施压制干扰后,可使接收机通道中的信噪比降低,导致信号检测系统难以提取目标信息,从而降低雷达对目标的发现概率。一般情况下,当目标搜索指示雷达的发现概率下降到 0.1 或 0.2 以下,即可判定干扰有效;当发现概率大于 0.8 时,干扰无效;而当发现概率在两者之间时,可采用蒙特卡罗法,取随机数决定干扰是否有效。

　　对于导弹,在其战术技术指标中,目标杀伤概率直接反映了导弹攻击目标的有效程度,通常以其为一级指标。实施有效电子干扰后必然影响杀伤概率,所以可以采用杀伤概率作为干扰效果评估指标,根据实施干扰前后导弹对目标杀伤概率的变化情况评估干扰效果。

上述概率准则将电子干扰效果和被干扰对象的作战使命联系起来,通过比较被干扰对象在有无干扰条件下的目标发现概率或杀伤概率,可直观反映电子干扰的战术效果。

概率准则存在的主要问题在于:①在被干扰对象会受电子干扰显著影响的各项战术技术性能指标中,除了上述目标搜索指示雷达的发现概率、导弹的杀伤概率等本来就是以概率形式给出的指标外,其他指标并不是概率形式,也就不便于应用概率准则来评估干扰效果。②概率指标是统计指标,必须建立在大量试验样本数据的基础上,因此需要在相同条件下,重复进行足够多次试验才能获得。然而在许多情况下,由于试验条件、试验费用所限,或者试验环境不可控等因素,不可能实现多次重复试验,这时就无法应用概率准则。

由此可见,不是在任何情况下,都可以应用概率准则来评估干扰效果,概率准则的应用需要考虑具体的试验评估条件。

5.2.2 效率准则

效率准则是通过比较被干扰对象在有无电子干扰条件下,同一性能指标的变化来评估干扰效果。因此,效率准则的比较基准是被干扰对象在无干扰条件下同一性能指标的量值。

例如,对于雷达,可以依据受干扰后雷达对目标的探测距离相对于无干扰条件下的探测距离下降的程度,来评估干扰设备对雷达的干扰效果;对于导弹,可以依据受干扰后导弹落点脱靶量的变化,来评估干扰设备对导弹的干扰效果。

实施电子干扰的目的是使被干扰对象的工作性能下降,所以应用效率准则评估干扰效果具有直观明了的特点。利用效率准则,通过直接比较被干扰对象在有无干扰条件下同一性能指标的量值,就可以得到评估结果。因此,效率准则还具有简便易行的优点。

效率准则采用的干扰效果评估指标可以是被干扰对象任何一项会受电子干扰显著影响的战术技术性能指标,而不论其是否具有概率特性。如果采用的是具有概率特性的指标,则这种评估准则也属于概率准则。可见,效率准则包含了概率准则,概率准则是效率准则的特例。因此,效率准则的适用性最为普遍,也是更为直观、简便的一类干扰效果评估准则。

5.3　导弹相关性能指标

要评估干扰效果,首先要确定评估指标,为此,需要了解被干扰对象有哪些与干扰效应相关或会受干扰影响的战术技术性能指标,然后从中选择合适的作为干扰效果评估指标。

电子对抗装备对导弹的干扰主要是通过对其导引头的干扰、损伤或破坏而实现的。不同种类的电子干扰对各种导引头的具体干扰机理各不相同。例如,对于激光压制干扰,是通过大功率或高能量激光对光电导引头探测器的饱和、致盲、损伤,或对其他光学元件的损伤作用,干扰导引头对目标的正常跟踪,使其丧失导引能力,严重时甚至彻底损毁导引头。对于红外诱饵弹,是通过发射并点燃诱饵弹形成强红外辐射源,引诱红外导引头跟踪该辐射源,进而使红外制导导弹脱离被保护目标。对于烟幕干扰,则主要是通过烟幕对目标的遮蔽作用,使导引头探测系统难以探测、识别目标,也就无法跟踪目标。

尽管不同种类的电子干扰对各种导引头的具体干扰机理不同,但是从战术效果上讲,干扰的最终结果通常都表现为使导引头不能正常跟踪目标,从而导致导弹制导精度下降,与被攻击目标交会处的制导误差或脱靶量增大,进而使导弹对目标的命中概率和杀伤概率下降。因此,对于导弹,与电子干扰效应相关,或会受干扰影响的关键性能指标主要是制导精度(包括制导误差和脱靶量)、命中概率、杀伤概率等。

5.3.1　制导误差和脱靶量

制导误差指的是在导弹飞行过程中的每一瞬时,导弹实际飞行弹道相对于理想弹道的偏差,如图 5.1 所示。其中,理想弹道指的是在理想大气条件下,不考虑制导回路各环节的惯性,无各种内部和外界干扰的理想条件下,仅由导引律决定的导弹动力学弹道。

在导弹实际飞行过程中,要受到大量来自导弹内部和外界的随机干扰的作用。内部干扰主要有元器件和系统加工、装配误差,推进剂消耗量的随机偏差导致的发动机推力的随机变化,制导回路各环节的惯性造成的干扰,制导设备的固有噪声等。来自外界的干扰主要有大气条件如气压、温度、湿度、风力、风向等不稳定引起的空气动力学干扰,电磁干扰,导弹所攻击目标的辐射或反射信号幅度和有效中心的随机起伏等。在这些随机干扰因素的作用下,使制导回路各环节控制命令的形成不准确、传递有变形、执行有偏差,同时控制命令的形成、传递和执行都存在延迟。这样,导致导弹实际飞行弹道偏离理想弹道,即带来制导误

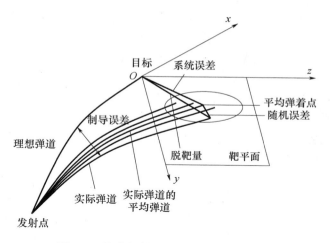

图 5.1　导弹的制导误差和脱靶量示意图

差。由于干扰因素的大小及其变化是随机的,导致在相同条件下导弹每次的飞行弹道都不重合,形成弹道的随机散布。因此,导弹的制导误差是一个二维随机变量。

脱靶量特指靶平面内的制导误差,或导弹落点(弹着点)与理想命中点(目标)之间的偏差。其中,靶平面是指通过目标质心并垂直于导弹与目标相对运动速度的平面(图 5.1)。

描述随机变量最重要的统计特征量是数学期望、方差和标准差。数学期望描述随机变量的平均状态,方差和标准差描述随机变量的离散状态。相应地,制导误差中包含有系统误差和随机误差两种分量。制导误差的数学期望即系统误差,它是导弹实际弹道的平均弹道相对于理想弹道的偏差,描述实际弹道的平均状态。一般来说,系统误差保持恒定不变或按照某种确定规律变化。只要了解了其来源和变化规律,就可采取一定措施加以补偿和校正,从而消除(或大部分消除)系统误差。导弹实际弹道相对于其平均弹道的偏差即为制导误差的随机误差,它描述实际弹道相对于其平均弹道的离散状态,一般用制导误差的标准差或方差表征。在靶平面上,有时也采用所谓圆概率误差(CEP)表征制导误差的随机误差。圆概率误差定义为靶平面上以平均弹着点为圆心,包含有 50% 弹着点的圆的半径。制导误差中的随机误差是由制导误差固有的随机特性决定的,是完全不可预知的,所以不可能消除。

上面已经指出,导弹的制导误差来源于大量随机干扰因素的影响。虽然误差来源很多,但通常没有一个起决定性作用的因素。在这种情况下,根据误差理论,制导误差应服从正态分布。这一点业已被大量试验结果所证实。

在一般情况下,服从正态分布律的制导误差在靶平面内的散布为椭圆。采用如图 5.1 所示的导弹目标相对速度坐标系,原点 O 在目标上,Ox 轴沿导弹相对于目标的速度矢量方向,靶平面内 Oy 轴和 Oz 轴分别沿散布椭圆的两个主轴方向。如果脱靶量沿 y 轴和 z 轴的分量不相关,即相互独立,则制导误差(y, z) 的概率分布密度可表示为

$$f(y,z) = \frac{1}{2\pi\sigma_y\sigma_z}\exp\left\{-\frac{1}{2}\left[\frac{(y-y_0)^2}{\sigma_y^2} + \frac{(z-z_0)^2}{\sigma_z^2}\right]\right\} \tag{5.1}$$

式中:y_0 和 z_0 分别为随机变量 y 和 z 的数学期望;σ_y 和 σ_z 分别为 y 和 z 的标准差。

在大多数情况下,导弹实际弹道在靶平面上的散布椭圆的长轴和短轴很接近,可近似认为 $\sigma_y = \sigma_z = \sigma$,椭圆散布成为圆散布,式(5.1)简化为

$$f(y,z) = \frac{1}{2\pi\sigma^2}\exp\left[-\frac{(y-y_0)^2 + (z-z_0)^2}{2\sigma^2}\right] \tag{5.2}$$

当采用极坐标时,圆散布制导误差的概率分布密度可表示为

$$f(r,\theta) = \frac{r}{2\pi\sigma^2}\exp\left[-\frac{r^2 + r_0^2 - 2rr_0\cos(\theta - \theta_0)}{2\sigma^2}\right] \tag{5.3}$$

式中:r 和 θ 分别为导弹实际弹道在靶平面上的脱靶量和脱靶方位角;r_0 和 θ_0 分别为实际弹道的平均弹道在靶平面上的脱靶量和脱靶方位角。

5.3.2　制导精度

制导误差中的系统误差反映制导的准确度,即导弹实际弹道的平均弹道与理想弹道的一致程度,或平均弹道符合理想弹道的程度,在靶平面上也就是导弹打击目标的准确程度。在计量技术中,准确度一般称为正确度。

制导误差中的随机误差反映制导的精密度,即导弹实际弹道相对于其平均弹道的离散程度,在靶平面上也就是导弹弹着点围绕其平均弹着点(在修正系统误差后即目标或理想命中点)分布的离散程度。

通常,将制导准确度和制导精密度总称为制导精确度,简称制导精度,有时也称制导不精确度。在靶平面上,制导精度即导弹打击目标的准确度和精密度,有时也称制导命中精度。在计量技术中,一般将精确度称为准确度。

如前所述,制导误差中的系统误差一般是可以通过修正而消除的,随机误差则是不可预知和消除的。因此,在系统误差被修正后,在靶平面上,导弹打击目标的精确程度即制导命中精度将完全取决于制导误差的随机误差。

5.3.3　命中概率

目标命中概率(Hit Probability)表征导弹命中目标可能性的大小。在同一条

件下对目标靶进行导弹射击试验,在全部可靠工作的导弹中,有的命中了目标,有的没有命中目标,则命中目标的发数与全部可靠工作的试验发数之比就是该导弹的目标命中概率。

这里所谓的命中目标有两种不同的含义:一种是导弹直接击中目标才算命中目标。例如,对于采用聚能破甲战斗部的反坦克导弹,一定要打到坦克上才能摧毁目标,所以只有击中坦克才算命中目标。另一种是允许导弹有一定的脱靶量,在此脱靶量范围内,导弹可对目标造成规定的杀伤程度。这样,只要导弹飞抵目标附近,其相对于目标的距离不超过允许脱靶量,就认为是命中目标。例如,采用杀伤战斗部的空空导弹和地空导弹就属于这种情况。对于第二种情况,允许脱靶量一般可以确定为战斗部的杀伤半径。

显然,命中概率是由导弹制导误差的分布规律以及目标形状、面积或允许脱靶量范围等因素决定的。获得制导误差的分布规律 $f(y,z)$ 和目标形状、面积或允许脱靶量范围后,就可以按照下式计算出相应的命中概率:

$$P_h = \int_S f(y,z)\,\mathrm{d}y\mathrm{d}z \tag{5.4}$$

式中:S 为目标面积或允许脱靶量范围,也称为命中区域。

对于服从正态分布律的制导误差,当弹道为圆散布,且没有系统误差时,利用式(5.3)和式(5.4),可计算得到导弹命中半径为 R 的圆形区域内的概率为

$$P_h = 1 - \mathrm{e}^{-R^2/2\sigma^2} \tag{5.5}$$

5.3.4　杀伤概率

导弹的基本任务是杀伤指定目标。所谓杀伤,是指将目标击毁或致伤,使其丧失完成预定作战任务的能力。对于导弹,最终关心的是其对目标的杀伤能力。导弹杀伤目标的能力通常用杀伤概率(Kill Probability)来度量。杀伤概率又称毁伤概率,是导弹最重要的战术性能指标之一。在导弹设计时杀伤概率通常取 $0.7 \sim 0.85$。

影响导弹杀伤目标能力的因素较多,杀伤概率的计算比较复杂,一般可表示为

$$P_k = k\int_\infty f(x,y,z)\,G(x,y,z)\,\mathrm{d}x\mathrm{d}y\mathrm{d}z \tag{5.6}$$

式中:k 为导弹的可靠性系数;$f(x,y,z)$ 为导弹战斗部在目标附近 (x,y,z) 点处启爆的概率密度函数,称为射击误差规律;$G(x,y,z)$ 为战斗部在 (x,y,z) 点处启爆后杀伤目标的概率密度函数,称为目标坐标杀伤规律。射击误差规律 $f(x,y,z)$ 由制导误差 (y,z) 的概率分布密度 $f(y,z)$ 和导弹引信引爆点散布的概率密度(也称引信引爆规律)$\Phi(x,y,z)$ 决定,即:

$$f(x,y,z) = f(y,z)\Phi(x,y,z) \tag{5.7}$$

将式(5.7)代入式(5.6),可得导弹的杀伤概率为

$$P_k = k\int_\infty f(y,z)\Phi(x,y,z)G(x,y,z)\mathrm{d}x\mathrm{d}y\mathrm{d}z \tag{5.8}$$

在式(5.8)中,制导误差的概率分布密度即制导误差规律 $f(y,z)$ 主要取决于制导回路的特性和导弹的动力学和运动学特性。对于正态分布,制导误差规律即式(5.1)~(5.3)。引信引爆规律 $\Phi(x,y,z)$ 主要取决于导弹与目标的遭遇条件、引信特性、引信和战斗部的配合特性等因素。目标坐标杀伤规律 $G(x,y,z)$ 则主要与战斗部特性、目标的易损性等因素有关。因此,在导弹与目标遭遇后,导弹对目标的杀伤概率主要决定于导弹的制导误差规律、导弹与目标的遭遇条件、战斗部特性、引信特性、引信和战斗部的配合特性、目标的易损性等因素。

显然,导弹对目标的杀伤概率与其命中概率有密切关系。事实上,导弹杀伤目标的概率是其命中目标的概率与命中条件下杀伤目标的概率之积,即:

$$P_k = P_h \cdot P_{hk} \tag{5.9}$$

式中: P_{hk} 为导弹命中目标条件下杀伤目标的概率。

5.4　导弹干扰效果评估准则

干扰效果评估准则与干扰效果试验方法有密切关系。对于不同的试验方法,配试干扰对象、干扰效果、试验样本数量等都可能不同。相应地,适用的干扰效果评估指标和干扰效果等级划分一般也不同,即有不同的干扰效果评估准则。因此,干扰效果试验方法决定了相应的评估准则。根据第4章,导弹干扰效果试验方法主要有实弹打靶法、地面模拟法、挂飞模拟法和仿真法等几类,本节分别阐述适用于各种试验方法的干扰效果评估准则。

5.4.1　实弹打靶法

如4.1节所述,实弹打靶法直接以导弹作为配试干扰对象来检验被试装备的干扰效果,由于试验条件要求高、安全风险大、组织实施难、耗费代价大等原因,这种方法并不能普遍应用,只能为干扰效果的综合演示或验证目的少量应用。由于试验样本太少(如1~3次),远不足以揭示试验结果的统计分布规律,因此不能通过统计分析得出具有一定置信度的干扰效果评估结果,也就难以实现对电子对抗装备干扰效果的全面检验和可靠评估。尽管如此,对于每一次实弹打靶干扰试验结果,依然存在如何判定干扰效果的问题。

对导弹实施电子干扰,其干扰效果直观反映在导弹与目标交会处即靶平面上的制导误差或脱靶量的变化上,因此,采用脱靶量作为干扰效果评估指标,依据干扰前后脱靶量的变化情况评估电子对抗装备对导弹的干扰效果,应该是最为直接和方便的评估准则。

对于单次或少数次实弹打靶干扰试验,容易检测获得的相关试验数据也只有脱靶量,而不能可靠地获得任何概率指标,如制导精度、命中概率和杀伤概率等。因此,对单次实弹打靶干扰试验结果的判定,唯一可用的依据就是实施干扰前后脱靶量的变化情况。

首先分析正常情况下,即无电子干扰时,导弹脱靶量的分布特点。设靶平面上目标的位置矢量为 r_0,导弹弹着点的位置矢量为 $r_i (i = 1, 2, \cdots, n)$,$n$ 为有效打靶次数,于是第 i 次打靶的脱靶量矢量为 $\delta r = r_i - r_0$,平均脱靶量矢量 $\delta \bar{r}$ 则可根据下式得到:

$$\delta \bar{r} = \bar{r} - r_0 , \quad \bar{r} = \frac{1}{n} \sum_{i=1}^{n} r_i \qquad (5.10)$$

式中:$\bar{r}$ 为平均弹着点的位置矢量。平均脱靶量即靶平面上制导误差的系统误差。利用贝塞尔公式,可得制导误差的随机误差(标准差)为

$$S_0 = \sqrt{\frac{1}{n-1} \sum_{i=1}^{n} (r_i - \bar{r})^2} \qquad (5.11)$$

根据5.3节,系统误差通常可修正,修正后 $\delta \bar{r} = 0$,即有 $\bar{r} = r_0$,这时导弹的制导命中精度完全决定于随机误差,于是可得正常情况下导弹的制导命中精度为

$$S_0 = \sqrt{\frac{1}{n-1} \sum_{i=1}^{n} (r_i - r_0)^2} \qquad (5.12)$$

在5.3.1节中已经指出,导弹的制导误差通常服从正态分布。既然制导误差服从正态分布规律,根据误差理论,在正常情况下,导弹落在以目标为中心,制导精度 S_0 为半径的范围内的概率应为68.27%,落在以 $2S_0$、$3S_0$ 为半径的范围内的概率则分别为95.45%和99.73%。

当对导弹实施电子干扰后,通常会使脱靶量增大。那么,应该以什么为标准判定脱靶量是否超出导弹正常制导精度允许范围,即干扰是否有效呢?

假如以正常制导精度 S_0 为界限判定干扰效果,即当实施干扰后,如果导弹脱靶量大于 S_0,则认为干扰有效,否则无效。然而,如上所述即使在没有干扰的正常情况下,导弹脱靶量也有31.73%的概率超出 S_0,即误判概率可达31.73%。可见,如果以 S_0 为干扰是否有效的判定标准,则干扰效果的误判概率太高,显然是很不合适的。假如以 $2S_0$ 为界限判定干扰效果,因为在正常情况下,脱靶量仍

然有 4.55% 的概率超出 $2S_0$，所以误判概率接近 5%，也显得较高。而如果以 $3S_0$ 为界限判定干扰效果，因为在正常情况下，导弹脱靶量仅有 0.27% 的概率大于 $3S_0$，所以误判概率只有不到 1%。可见，采用 $3S_0$ 为界限判定干扰效果比较可靠。

鉴于以上考虑，可以 $3S_0$ 为界限判定实施电子干扰后导弹脱靶量是否超出正常制导精度的允许范围，即干扰是否有效。设实施干扰后导弹脱靶量大小为 δr，那么可以按照以下所谓 $3S_0$ 准则判定单次试验中干扰是否有效：

（1）当 $\delta r \leqslant 3S_0$ 时，干扰无效；

（2）当 $\delta r > 3S_0$ 时，干扰有效。

上述 $3S_0$ 准则应用的前提条件是要已知配试导弹的正常制导精度 S_0。由于实弹打靶试验次数受限，一般无法通过现场试验得到导弹正常制导精度。这样，如果没有配试导弹正常制导精度的先验信息，可以考虑根据实施干扰后导弹脱靶量相对于导弹对目标杀伤半径 R_k 的大小来判定单次试验中干扰是否有效或确定干扰效果等级，此即杀伤半径准则：

（1）当 $\delta r \leqslant R_k$ 时，干扰无效；

（2）当 $\delta r > R_k$ 时，干扰有效。

显然，脱靶量越大，说明干扰效果越好。在实际应用中，可以根据需要，在干扰有效的情况下，依据 δr 相对于 R_k 的大小，将有效干扰进一步划分为若干干扰效果等级。

杀伤半径也称毁伤半径或威力半径，用于表征战斗部对于规定目标，能够造成规定杀伤程度的空间范围。例如，对于破片杀伤型战斗部，杀伤半径是指破片在飞行中其速度经过大气衰减后，仍能保持杀伤规定目标所必需的打击动能时，破片的最大飞行距离。显然，杀伤半径既与战斗部本身的杀伤威力有关，也与规定目标的易损性、规定的杀伤程度等因素有关。一般情况下，在已知战斗部种类和特性，并明确了规定目标和规定杀伤程度以后，配试导弹的杀伤半径便可确定。

应该指出，上述 $3S_0$ 准则和杀伤半径准则之间是有关系的。在导弹设计中，通常要求杀伤半径不小于制导精度的 3 倍，所以两种评估准则实际上在很多情况下是相当的。

以上给出了判定单次干扰试验结果的两种准则。然而必须要指出，仅凭少数次实弹打靶干扰试验结果，并不足以可靠评估电子对抗装备对导弹的干扰效果。这是因为影响干扰效果的因素很多，导致试验结果有很大随机性，少数次试验远不足以揭示试验结果的统计规律。

5.4.2 地面模拟法

地面模拟法是利用导引头作为配试干扰对象在地面进行的干扰试验,多数为静态试验,导引头及其要攻击的目标均为静止状态,所以不能模拟导弹飞行过程中导引头对目标视线角、视线角速度等导引数据的动态测量过程。于是,电子对抗装备对导引头的干扰效果只是体现在导引头工作状态的变化上。因此,在地面模拟干扰试验中,一般是通过监测干扰过程中导引头工作状态,特别是对目标跟踪状态的变化来评估被试装备对导引头的干扰效果。

无干扰时,导引头会锁定跟踪指定目标。在施加有效干扰后,一般情况下,导引头会跟踪失锁,丢失目标,进入搜索状态。但因干扰手段、导引头种类的不同,干扰机理各不相同,相应地,导引头工作状态的变化也会有或多或少的差别。例如,对于激光角度欺骗干扰,在同时面对来自目标的制导信号和来自漫反射假目标的激光干扰信号时,激光导引头既可能转向跟踪漫反射假目标,也可能交替捕获真、假目标;对于高重频激光干扰,激光导引头既可能捕获、跟踪高重频激光干扰源,也可能因无法锁定目标而始终处于搜索状态;对于激光压制干扰,则因激光对导引头光电探测器的饱和、致盲或损伤作用,轻则使导引头跟踪失锁而丢失目标,重则导致导引头暂时或永久失去探测、跟踪能力;对于红外诱饵弹,在诱饵的强红外辐射作用下,红外导引头的跟踪会逐渐偏向诱饵,直至脱离目标;对于红外干扰机,在因调制辐射产生的虚假目标跟踪信号的作用下,会导致红外导引头丢失目标;对于烟幕干扰,主要通过遮蔽目标,使导引头因为找不到目标而转入搜索状态。

因此,对于地面模拟法,一般可以按照以下准则判定单次试验干扰效果:

(1) 当导引头仍然稳定跟踪指定目标时,干扰无效;

(2) 当导引头跟踪失锁,丢失目标,进入搜索状态,或转向跟踪假目标、诱饵,或交替捕获真、假目标,或暂时或永久失去探测、跟踪能力时,干扰有效。

如前所述,由于影响干扰效果的因素很多,导致干扰试验结果有很大随机性,在相同条件下重复进行干扰试验,有时干扰有效,有时干扰无效。鉴此,在实际应用中,重要的不是某次干扰试验结果如何,而是在一定的使用条件下,被试装备有多大可能性对被干扰对象实现有效干扰,即主要关心的是干扰成功率(Jamming Success Rate)。干扰成功率有时也称干扰有效率或干扰概率,是一个典型的概率指标,定义为电子对抗装备在一定使用条件下能够达到有效干扰的次数与实施干扰总次数之比,即:

$$\eta = \frac{n_e}{n} \times 100\% \qquad (5.13)$$

式中:n 为实施干扰总次数;n_e 为达到有效干扰的次数。

干扰成功率越高,说明电子对抗装备对被干扰对象实现有效干扰的可能性越大,干扰效果也就越好。在应用中,可以根据需要,依据干扰成功率的大小,将干扰效果划分为若干等级。例如,可以按照以下标准将干扰效果由弱到强划分为四个等级:

（1）当 $0 \leqslant \eta < 10\%$ 时,为零级干扰;

（2）当 $10\% \leqslant \eta < 50\%$ 时,为一级干扰;

（3）当 $50\% \leqslant \eta < 80\%$ 时,为二级干扰;

（4）当 $\eta \geqslant 80\%$ 时,为三级干扰。

为了获得可靠的干扰效果评估结果,就需要在相同条件下重复进行足够多次干扰试验,以揭示试验结果的统计规律,进而得到干扰成功率。

对于地面模拟法,由于导引头可以反复使用,因此多数情况下可以通过重复干扰试验取得进行统计分析所需足够多的试验结果。然而,有的电子干扰对导引头的作用是破坏性的,例如激光压制干扰对导引头有饱和、致盲、损伤效应,这种效应有的是暂时性的,有的是永久性的,还有的则是累积性的,即经过多次作用后逐渐失效。在这种情况下,试验次数有一定限制,除非必要,一般情况下不允许对导引头进行任意多次破坏性的干扰试验。

综上所述,对于地面模拟法,可以根据实施电子干扰后导引头工作状态的变化情况,按照上述准则判定单次试验干扰效果。对于相同条件下的多次试验结果,则可以统计得到相应的干扰成功率,再根据干扰成功率的大小评估被试装备对导引头的干扰效果。

5.4.3　挂飞模拟法

与地面模拟法不同,挂飞模拟法虽然也采用导引头作为配试干扰对象,但可以在动态条件下检验电子干扰对导引头视线角、视线角速度等导引数据测量的影响,所以干扰效果不仅体现在导引头工作状态的变化上,还体现在导引数据测量结果的变化上。由于导引数据是导弹形成导引指令的依据,其测量结果的变化直接影响到导引指令的正确形成,进而影响最终的目标杀伤效果。因此,对于挂飞模拟法,一般是通过监测干扰过程中导引头对目标跟踪状态、跟踪误差的变化,以及导引数据测量结果的变化,来评估被试装备对导引头的干扰效果。

以烟幕对电视导引头干扰效果的试验评估为例,根据 4.3.2 节的开环挂飞试验结果,烟幕对电视导引头的干扰效果主要体现在引起导引头跟踪状态字和跟踪误差的变化,影响导引头对目标视线角、视线角速度的正确测量等。无干扰时,导引头稳定跟踪指定目标,其输出跟踪误差在零值附近小幅随机波动,导引头可以准确测量输出目标视线角、视线角速度等导引数据。在施加了有效干扰后，一般情况下，首先是导引头跟踪失稳直至丢失目标，进入搜索状态，同时停止输出跟踪误差，接着导引数据测量结果偏离实际值或丧失相应测量能力。

如果采用的干扰手段是欺骗性诱饵或假目标（如红外诱饵弹或激光角度欺骗干扰），则在施加有效干扰后，导引头会转向跟踪诱饵或假目标，同时恢复输出跟踪误差，并测量输出与诱饵或假目标相应的导引数据。如果采用的是具有损伤、破坏效应的干扰手段（如激光压制干扰），则除了会使导引头丢失目标、停止输出跟踪误差以外，严重时可能导致导引头暂时或永久失去探测、跟踪和导引数据测量能力，停止输出所有数据。

因此，对于挂飞模拟法，一般可以按照以下准则判定单次试验干扰效果：

（1）当导引头仍然稳定跟踪指定目标，并正常输出跟踪误差及导引数据时，干扰无效；

（2）当导引头跟踪失稳直至丢失目标，进入搜索状态，导引数据测量结果偏离实际值或丧失相应测量能力，或转向跟踪诱饵、假目标，并输出与诱饵、假目标相应的导引数据，或暂时或永久失去探测、跟踪和导引数据测量能力，停止输出所有数据时，干扰有效。

与地面模拟法一样，对于挂飞模拟法，为了获得可靠的干扰效果评估结果，需要在相同条件下重复进行足够多次挂飞模拟干扰试验，根据试验结果统计得到相应干扰成功率，再根据干扰成功率的大小评估被试装备对动态飞行中导引头的干扰效果。

5.4.4　仿真法

如4.4节所述，仿真法是基于专门构建的导弹电子干扰仿真试验系统，通过仿真被试电子对抗装备对导弹的干扰过程来检验干扰效果。利用仿真试验系统，通常可以在相同试验条件下不受限制地重复进行任意多次导弹飞行干扰仿真试验，获得大量试验样本，从而可以揭示试验结果的统计分布规律，得到全面、可靠的试验结果。通过对试验结果进行统计处理，可以得到干扰成功率、制导精度、命中概率、杀伤概率等概率指标，从而可以应用概率准则评估电子对抗装备对导弹的干扰效果。这里介绍适用于仿真法的几种干扰效果评估准则，即脱靶量 – 干扰成功率准则、制导精度准则、命中概率准则和杀伤概率准则。

1. 脱靶量 – 干扰成功率准则

与实弹打靶法不同，利用仿真法很容易得到导弹正常制导精度 S_0。为此，首先在不加干扰时，利用仿真试验系统重复进行足够多次导弹飞行仿真试验，再按照式(5.12)对弹着点数据进行统计处理，得到修正系统误差后靶平面上导弹

的正常制导精度 S_0。

　　然后加上电子干扰,重复进行足够多次导弹飞行干扰仿真试验。对每次试验得到的脱靶量,按照 5.4.1 节中所述 $3S_0$ 准则或杀伤半径准则,判定干扰是否有效。

　　对于各次干扰试验结果,按照式(5.13)统计干扰成功率,最后根据干扰成功率的大小评估被试电子对抗装备对导弹的干扰效果。

2. 制导精度准则

　　对导弹实施电子干扰通常会导致制导误差增大,或制导精度下降。根据导弹干扰效果仿真试验实践(参见 4.4.2 节试验结果),制导精度的下降既可能表现在制导准确度的下降(在靶平面上表现为导弹平均弹着点相对于目标的脱靶量增大),也可能同时表现在制导精密度的下降(在靶平面上表现为导弹实际弹着点相对于其平均弹着点分布的离散程度即圆概率误差增大)。根据 5.3.2 节,准确度和精密度是导弹制导误差和弹着点分布的两种不同特性,所以电子干扰对制导准确度和制导精密度的影响理应分别加以评估。

　　为评估对制导精度的干扰效果,需要通过重复仿真试验得到有无干扰情况下的制导准确度和制导精密度。为此,首先在无干扰时利用仿真试验系统进行足够多次导弹飞行仿真试验,按照式(5.10)和式(5.11)对导弹弹着点数据进行统计处理,得到导弹平均弹着点相对于目标的脱靶量 $\delta \bar{r}_0$ 和实际弹着点相对于平均弹着点散布的标准差 $\bar{S}_0$。然后在施加电子干扰条件下,重复进行足够多次导弹飞行干扰仿真试验,对弹着点数据进行统计处理,得到导弹平均弹着点相对于目标的脱靶量 $\delta \bar{r}_j$ 和实际弹着点相对于平均弹着点散布的标准差 $\bar{S}_j$。

　　于是,可以依据实施电子干扰前后靶平面上导弹平均弹着点相对于目标的脱靶量 $\delta \bar{r}$ 的变化情况,以及实际弹着点相对于平均弹着点散布的标准差 $\bar{S}$ 的变化情况,来评估被试装备对导弹的干扰效果。定义 α 为有干扰时导弹平均脱靶量与无干扰时平均脱靶量之比:

$$\alpha = \delta \bar{r}_j / \delta \bar{r}_0 \tag{5.14}$$

定义 β 为有干扰时弹着点围绕其平均值散布的标准差与无干扰时弹着点散布标准差之比:

$$\beta = \bar{S}_j / \bar{S}_0 \tag{5.15}$$

一般情况下有 $\alpha \geqslant 1$,$\beta \geqslant 1$。α、β 值越大,说明有干扰时导弹的平均脱靶量以及弹着点围绕平均值的散布相对于无干扰时量值的变化幅度越大,干扰效果就越显著;反之,α、β 值越小,则说明有干扰时平均脱靶量以及弹着点散布的变化幅度越小,干扰效果就越不明显。可见,α、β 值可以定量表征干扰效果的显著程度,从而用于评估电子对抗装备对导弹的干扰效果。

3. 命中概率准则

实施电子干扰导致导弹的制导误差和脱靶量增大,而脱靶量的增大必然会使导弹对目标的命中概率降低。为此,可以采用命中概率作为干扰效果评估指标,依据干扰前后导弹命中概率的变化情况评估电子对抗装备对导弹的干扰效果。

根据式(5.4),命中概率取决于导弹制导误差规律和命中区域,在确定了命中区域后,命中概率便由制导误差规律唯一确定。因为在正常情况下,导弹的制导误差服从正态分布规律,所以可以利用式(5.1)和式(5.4),计算出无干扰时导弹对目标附近给定区域的命中概率。对于仿真法,可以在无干扰时,进行足够多次导弹飞行仿真试验,根据弹着点的分布情况,统计导弹落入目标附近给定区域内的命中概率。有干扰时弹导制导误差的分布规律则是未知的,只能通过仿真打靶方法,在施加干扰条件下,利用仿真试验系统重复进行足够多次导弹飞行干扰仿真试验,再根据弹着点的分布情况,统计得到有干扰时的导弹命中概率。

设有无干扰时导弹的命中概率分别为 P_{hj} 和 P_{h0},定义 ξ 为有干扰时导弹的命中概率与无干扰时的命中概率之比:

$$\xi = P_{hj}/P_{h0} \tag{5.16}$$

显然有 $0 \leqslant \xi \leqslant 1$。$\xi$ 值越小,说明有无干扰时导弹的命中概率相差越大,干扰效果就越显著;反之,ξ 值越大,说明有无干扰时导弹的命中概率相差越小,干扰效果就越不明显。可见,ξ 值可定量表征干扰效果的显著程度,从而用于评估电子对抗装备对导弹的干扰效果。

依据 ξ 值的大小,还可以将干扰效果划分为若干等级。例如,可以依据 ξ 值将干扰效果由弱到强划分为以下四个等级:

(1)当 $0.9 \leqslant \xi \leqslant 1$ 时,为零级干扰;

(2)当 $0.5 \leqslant \xi < 0.9$ 时,为一级干扰;

(3)当 $0.2 \leqslant \xi < 0.5$ 时,为二级干扰;

(4)当 $0 \leqslant \xi < 0.2$ 时,为三级干扰。

需要补充说明的是,根据式(5.4),命中概率不仅与导弹制导误差规律有关,还与所选择的围绕目标的命中区域有关,而命中区域的选择不仅与导弹战斗部的威力有关,还与目标的易损性以及规定的目标损伤程度有关。因此,在应用命中概率准则时,首先需要根据导弹战斗部的种类和特性、规定的目标特性和损伤程度等条件合理确定命中区域。

4. 杀伤概率准则

根据 5.3.4 节,制导误差规律是决定导弹杀伤概率最重要的因素之一,实施电子干扰会使制导误差增大,必然影响到导弹对目标的杀伤概率。以破片杀伤型战斗部为例,飞行距离决定了破片速度的衰减程度,于是当制导误差增大时,破片击中目标之前飞行的距离和时间也增大,破片速度衰减将更为严重,不能保持杀伤目标所必需的打击动能,且维持原飞行方向的能力也下降,对目标的杀伤力势必大大削弱,导致杀伤概率下降。为此,可采用杀伤概率作为评估指标,依据干扰前后杀伤概率的变化情况评估对导弹的干扰效果。

根据式(5.8),导弹对目标的杀伤概率不仅取决于制导误差的分布规律 $f(y,z)$,还与引信引爆规律 $\Phi(x, y, z)$ 和目标坐标杀伤规律 $G(x, y, z)$ 有关,其中 $\Phi(x, y, z)$ 反映的是导弹引信引爆点散布的概率密度,$G(x, y, z)$ 反映的是战斗部在 (x, y, z) 点处启爆后杀伤目标的概率密度。因此,如果要通过仿真法获得导弹杀伤概率,需要建立准确的引信引爆规律模型和目标坐标杀伤规律模型,并加入导弹飞行仿真系统。多数情况下电子干扰主要针对导引头,不会对导弹引信和战斗部产生效应,所以一般不会影响引信引爆规律和目标坐标杀伤规律。在导弹飞行仿真系统中加入引信引爆规律模型和目标坐标杀伤规律模型后,便可以通过仿真法得到干扰前后导弹对目标的杀伤概率,进而评估电子对抗装备对导弹的干扰效果。

首先在无干扰时,重复进行足够多次导弹飞行仿真试验,根据各次试验中目标杀伤情况,统计得到导弹正常杀伤概率。然后,在施加干扰条件下,重复进行足够多次导弹飞行干扰仿真试验,再根据各次试验中目标杀伤情况,统计得到有干扰时的杀伤概率。

在正常情况下,导弹杀伤概率 P_{k0} 一般在 0.7 ~ 0.85 之间。假如实施干扰后导弹对目标的杀伤概率仍在 0.7 以上,则说明干扰对导弹的战术性能没有明显影响;反之,当实施干扰后杀伤概率降到 0.7 以下,则说明干扰有效果。为此,可以把 0.7 作为界限判定对导弹的干扰是否有效。当杀伤概率降到 0.2 以下后,导弹杀伤目标的可能性已很小,所以通常将杀伤概率低于 0.2(有时取为 0.3)作为导弹的禁射条件。当杀伤概率介于 0.2 ~ 0.7 之间时,导弹的杀伤能力虽然低于正常情况,但仍然可以获得一定的杀伤效果。

鉴于以上考虑,可根据实施干扰后导弹对目标的杀伤概率 P_{kj} 的大小,将电子对抗装备对导弹的干扰效果由弱到强划分为以下三个等级:

(1) 当 $P_{kj} \geqslant 0.7$ 时,为零级干扰;

(2) 当 $0.2 \leqslant P_{kj} < 0.7$ 时,为一级干扰;

(3) 当 $P_{kj} < 0.2$ 时,为二级干扰。

除了直接依据实施干扰后导弹杀伤概率值的大小评估电子对抗装备对导弹的干扰效果以外，还可像命中概率准则一样，采用有干扰时导弹对目标的杀伤概率与无干扰时杀伤概率之比来评估干扰效果。定义 ζ 为有干扰时导弹杀伤概率与无干扰时杀伤概率之比：

$$\zeta = P_{kj}/P_{k0} \tag{5.17}$$

通常干扰会导致杀伤概率下降，所以有 $0 \leqslant \zeta \leqslant 1$。而且 ζ 值越小，杀伤概率下降愈甚，则干扰效果越显著。因此，ζ 值可定量表征干扰效果的显著程度，从而用于评估干扰效果。依据 ζ 值的大小，还可将干扰效果划分为若干等级，划分标准可参考以上命中概率准则的划分标准。

另外，还可以采用干扰后杀伤概率的下降率来评估干扰效果。杀伤概率的下降率定义为

$$r_{kp} = \frac{P_{k0} - P_{kj}}{P_{k0}} \times 100\% \tag{5.18}$$

根据式（5.17）和式（5.18），有 $r_{kp} = 1 - \zeta$，且 $0 \leqslant r_{kp} \leqslant 1$。$r_{kp}$ 值越大，则杀伤概率下降越甚，干扰效果越明显。因此，与 ζ 值一样，杀伤概率的下降率 r_{kp} 值也可用于定量评估干扰效果。

最后需要说明的是，由于引信引爆规律和目标坐标杀伤规律取决于导弹与目标的遭遇条件、引信特性、战斗部特性、引信和战斗部的配合特性、目标的易损性等多种因素，因此在应用杀伤概率准则时，首先需要根据导弹采用的战斗部、引信的种类和特性，引战配合特性，弹目遭遇条件，以及目标种类和特性等条件，构建准确的引信引爆规律模型和目标坐标杀伤规律模型。可见，杀伤概率准则的应用远比命中概率准则复杂。

第6章　引信及其干扰效果试验与评估

精确制导武器在制导系统的导引下到达目标附近之后,战斗部能否有效杀伤目标,有赖于引信能否在战斗部可发挥最大杀伤效果的位置或时机引爆战斗部。因此,引信是各类精确制导武器不可或缺的重要组成部分。同时,由于需要利用目标探测器探测目标信息,引信也是精确制导武器上最容易受到电子干扰的敏感、脆弱部件之一,引信对抗也就成为精确制导武器对抗的主要途径之一。对引信实施电子干扰,一般会使引信提前启动,或使其失去近炸功能而不能及时启动;都会改变引信的引爆区,破坏正常的引信－战斗部配合特性,从而削弱精确制导武器对目标的杀伤效果。本章专门讨论引信及其干扰效果试验评估问题。

6.1　引信

6.1.1　概述

引信是精确制导武器接近目标时,通过探测感知目标信息,按预定条件适时发出引爆信号,控制战斗部在相对于目标最有利的位置或时机启爆的装置。引信的基本组成如图6.1所示,包括目标探测器、信号处理电路、启动指令产生器、安全－执行机构等。

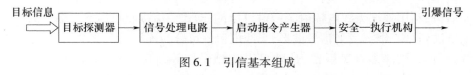

图6.1　引信基本组成

目标探测器也称目标敏感器,其作用是感知目标的存在并获取目标信息。信号处理电路将目标探测信号进行频域、时域、波形等处理,以鉴别、抑制背景和干扰信号,获得目标与武器之间的相对位置。启动指令产生器将目标信息以及制导系统给出的有关信息进行综合运算和判断,在最适当的时机,或最适当的弹目相对位置上输出启动指令。安全－执行机构的主要作用是保险和解除保险。

在保险状态时,它将启动指令产生器与执行机构隔离,爆炸序列的火路与战斗部隔离。当武器已发射且飞行一定距离后,就自动解除保险,使战斗部处于待爆状态,这时就能接受启动指令并形成引爆需要的点火信号。

引信的种类很多。根据目标作用方式的不同,可以分为触发引信、近炸引信等。触发引信也称碰炸引信,通过与目标接触而作用。采用接触式目标探测器,如压电式、磁电式(撞击时铁磁体运动产生电脉冲)、机械式(撞击时闭合或断开接点产生电脉冲)等,将接触目标时的机械能转化为电能。近炸引信不与目标接触,而是利用某种物理场感知目标。采用接近式目标探测器,如雷达、激光探测器、红外探测器等,通过探测目标反射、散射或辐射的电磁波来感知目标并获取目标信息。相对于触发引信,近炸引信能大大提高武器对目标的杀伤概率。因为如果采用触发引信,武器必须直接击中目标才能杀伤目标。而如果采用近炸引信,引信会自动测量弹目相对位置,一旦目标进入战斗部杀伤半径之内,引信会自动引爆战斗部,等效于将目标尺寸放大数十倍,从而提高目标命中概率和杀伤概率。相同杀伤半径的武器采用近炸引信时可以使杀伤概率比采用触发引信时提高数十到数百倍。因此,目前大多数导弹都采用近炸引信。近炸引信按照目标探测体制,可以分为无线电引信、激光引信、红外引信等,按照引信信号来源的不同,又可分为主动式、半主动式和被动式等几类。

6.1.2　无线电引信

无线电引信又称雷达引信,是基于雷达探测原理感知目标的近炸引信。其基本工作原理为:发射某种调制的射频信号,接收目标反射的回波信号,或者直接接收目标辐射的射频电磁波信号,从中提取目标角度、距离、速度等信息,根据预定条件进行点火,引爆战斗部。

根据有无发射机,无线电引信分为主动式、半主动式、被动式三种。主动式引信本身带有无线电发射机,就是一种特殊功能的雷达;半主动式引信本身不带发射机,利用外部无线电辐射源照射目标;被动式引信接收目标本身辐射的射频电磁波信号。根据发射信号波形,无线电引信可分为连续波多普勒引信、连续波调频引信、脉冲多普勒引信、伪随机码调相引信等,目前用得最多的是连续波引信。

导弹常用的外差式连续波多普勒引信的工作原理如图 6.2 所示。发射机产生频率为 f_0 的连续波信号,通过发射天线向目标辐射,从目标反射的回波信号被接收天线接收,其频率为 $f_0 + f_d$,该信号通过滤波器被预先选频,与来自定向耦合器的部分发射信号(作为本振信号)一起加到混频器中,混频后得到多普勒频率 f_d 信号,此信号经多普勒带通放大器放大后,由信号处理器进行频域、时域和振幅处理,获得弹目交会信息,再与来自制导系统的有关信息如相对速度、脱靶量及脱靶方位等,一起加到启动指令产生器,经综合解算后输出最佳启动指令,再经安全－执行机构引爆战斗部。

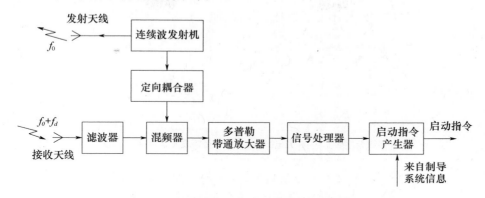

图 6.2　外差式连续波多普勒引信工作原理

6.1.3　激光引信

　　激光引信通过探测目标表面反射的激光感知目标并获得目标信息。根据激光照射源所在位置,激光引信可以分为主动式和半主动式两种。主动式激光引信本身携带激光照射源,半主动式激光引信则利用地面或弹外载体提供激光照射源。其中,半主动式激光引信应用很少,目前大量装备的是主动式激光引信。

　　主动式激光引信的工作原理与激光测距机类似,归结为用特定幅值和时域、空域特性的激光对目标照射,再对目标反射的激光回波进行探测,经信号处理后得到目标方向、距离和速度等信息,如果经分析判断目标处于战斗部最有利的杀伤位置时,即输出引爆信号。主动式激光引信一般由激光发射系统、激光接收系统、信号处理电路、启动指令产生器等组成,其中,激光发射系统包括调制器、半导体激光器(主要采用波长在 $0.84 \sim 0.93\mu m$ 之间的 GaAs 激光器)及其激励控制电路、发射光学系统等,激光接收系统包括接收光学系统、光电探测器及其前置放大电路、主放大电路等。有的激光引信采用收发同轴光学系统。主动式激光引信主要根据距离选通或几何距离截断定位原理,实现在距目标预定距离上引爆。

　　距离选通型激光引信的工作原理如图 6.3 所示。激光器受调制器输出电脉冲信号的调制,发射激光脉冲信号,再经发射光学系统形成特定形状的激光束输出。当弹体接近目标时,激光束照射到目标上发生反射,激光回波被接收光学系统接收并会聚在光电探测器上,经光电转换后输出的电脉冲信号由前置放大器放大后送至选通器。调制器产生的调制脉冲信号同时送至延迟器,经适当延迟后也送至选通器。通过选择适当的延迟时间,可以使预定距离内的目标回波所产生的电脉冲信号通过选通器到达启动指令产生器,而在此距离之外的目标回波所产生的电脉冲信号不能通过选通器,从而实现在预定距离范围内引爆。

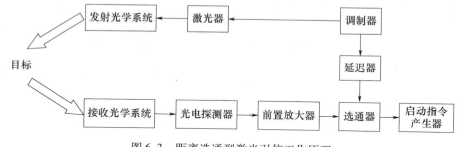

图 6.3 距离选通型激光引信工作原理

几何距离截断型激光引信的工作原理如图 6.4 所示。引信发射光学系统光轴与接收光学系统光轴在弹前方交会,构成几何测距,以光轴交会点为中心,由发射激光束散角和接收光学系统视场形成一个适当范围的探测区。当目标进入探测区时,接收系统会探测到目标反射的回波信号。通过对光轴交会点前后目标回波信号幅度的鉴别,可实现对预定距离范围内目标回波信号的选通,以理想的定距精度输出引爆信号。

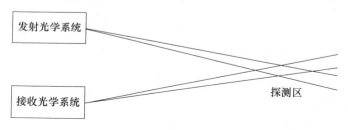

图 6.4 几何距离截断型激光引信工作原理

6.1.4 红外引信

红外引信通过探测来自目标的红外辐射而感知目标。红外引信也有主动式和被动式两种,其中主动式红外引信需要携带红外辐射源,应用很少,这里只介绍被动式红外引信。

被动式红外引信通过探测目标本身的红外辐射来感知目标,工作波段大多在 $1 \sim 5\,\mu m$ 之间,一般用于攻击飞机等具有显著红外辐射特性的机动平台。被动式红外引信一般由红外光学系统、单元红外光子探测器及其制冷器、信号处理电路和引爆电路(启动指令产生器)等组成。通过对接收光路角和视场角的合理设计,来保证最佳炸点。为防止太阳光等背景辐射引起引信误动作,红外引信通常采用双光路探测体制,如图 6.5 所示。两路探测系统按照各自不同的光路角和接收视场接收和探测目标的红外辐射,其中光路角较小的一路构成待炸支路,光路角较大的一路构成爆炸支路。当两路探测系统同时探测到目标的辐射能量时,形成的触发控制信号在重合器上重合,则重合器输出引爆信号。

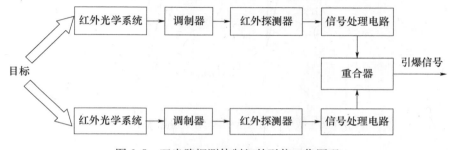

图 6.5　双光路探测体制红外引信工作原理

6.1.5　引战配合特性

为了最大限度地发挥战斗部的杀伤威力,要求引信能在相对于目标最有利的位置或时机引爆战斗部。而引信的引爆和战斗部对目标的杀伤都有其自身的规律,这样,就存在一个引信与战斗部之间的协调配合,即引战配合问题。

首先,要使战斗部杀伤目标,需要满足一定的条件。以破片杀伤型战斗部为例,具有足够动能和数量的破片击中目标的要害部位,是有效杀伤目标的前提。通常将动态条件下,战斗部爆炸后有 90% 以上破片的飞散区域称为战斗部的动态杀伤区或飞散区。既然 90% 以上的破片集中在战斗部的动态杀伤区之内,所以动态杀伤区穿过目标的要害部位,是杀伤目标的必要条件。战斗部启爆早了或晚了,动态杀伤区都不会穿过目标要害部位。因此,必须正确地选择战斗部的启爆位置或时机。

在目标周围存在这样一个区域,战斗部只有在这个区域内启爆时,其动态杀伤区才会穿过目标的要害部位,才有可能杀伤目标。这个区域称为战斗部的有效启爆区。因此,有效启爆区就是战斗部在目标周围启爆后,有可能杀伤目标的区域。一般规定,动态杀伤区进入目标要害部位近端的中点到离开远端的中点时,战斗部启爆位置所构成的区域为战斗部的有效启爆区,如图 6.6 所示。

另外,引信也有其自身的引爆规律,任何引信对战斗部的正常引爆都是有条件的。在给定的弹目交会条件下,在目标周围存在这样一个区域,引信只有处于

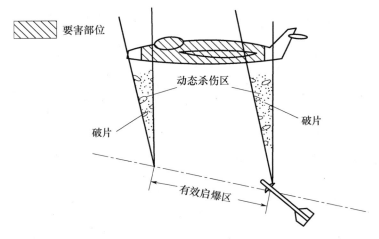

图 6.6　战斗部动态杀伤区、有效启爆区示意图

这个区域内时,才能正常引爆战斗部。这个区域称为引信的引爆区或启动区。引信引爆区是对特定的遭遇点和交会条件而言的,遭遇点和交会条件不同,则引信的引爆区不同。

所谓引战配合特性,是指在目标处于战斗部有效杀伤半径之内的前提下,引信的引爆区与战斗部的有效启爆区之间的协调配合程度。只有当引信的引爆区落入战斗部的有效启爆区内时,战斗部的动态杀伤区才会穿过目标要害部位。

对引战配合特性的要求是,引信的引爆区尽可能多地落入战斗部的有效启爆区之内。当引信引爆区全部落入战斗部有效启爆区内时,引信和战斗部有最好的配合,称为完全配合。当引信引爆区只是部分落入战斗部有效启爆区之内时,称为部分配合。在精确制导武器的设计中,总是力求在给定的弹目交会条件下,引信的引爆区与战斗部的有效启爆区相一致,以达到最大的引信－战斗部配合程度,从而获得最大杀伤效果。

引信－战斗部配合程度可用配合概率、配合度等指标衡量。所谓配合概率是指引信引爆点落入战斗部有效启爆区内的概率,配合度则是指引信引爆区和战斗部有效启爆区相重合部分的宽度与引信引爆区的宽度之比。

引战配合特性之所以重要,是因为它是决定精确制导武器对目标杀伤概率的一个重要因素。根据式(5.8),导弹单发杀伤概率可表示为

$$P_k = k \int_\infty f(y,z) \Phi(x,y,z) G(x,y,z) \mathrm{d}x \mathrm{d}y \mathrm{d}z \tag{6.1}$$

式中:k 为导弹的可靠性系数;$f(y,z)$ 为制导误差(y,z)的概率分布密度即制导误差规律;$\Phi(x,y,z)$ 为引信引爆点散布的概率密度即引信引爆规律;$G(x,y,$

z)为战斗部在(x, y, z)点处启爆后杀伤目标的概率密度即战斗部的目标坐标杀伤规律。

根据式(6.1),当导弹的可靠性系数和制导误差规律给定时,要提高杀伤概率,就要使式中引信与战斗部的二维坐标杀伤规律(也称引信与战斗部对目标的联合条件杀伤概率):

$$P_{fw}(y,z) = \int_\infty \Phi(x,y,z) G(x,y,z) \mathrm{d}x \qquad (6.2)$$

在各种弹目交会条件下均较大,即要求引信引爆概率 $\Phi(x, y, z)$ 与战斗部的目标坐标杀伤规律 $G(x, y, z)$ 相匹配,也就是大多数引信引爆点要与战斗部的最大杀伤概率点相对应,或者说引信的引爆区要与战斗部的有效启爆区相吻合。

由此可见,要提高导弹的杀伤概率,除了要提高导弹的可靠性和制导精度外,还必须提高引信与战斗部的配合程度。其中,精确制导系统用于解决导弹的二维(y,z)控制问题,而引信用于解决导弹的第三维(x)控制问题,即前者解决精确制导问题,后者解决精确引爆问题。从导弹的杀伤效果看,引信与精确制导系统有着同样重要的意义。

6.1.6 引信模拟设备

为了检验电子对抗装备对引信的干扰效果,需要有作为配试干扰对象的引信或其模拟设备。引信模拟设备应在工作体制、工作波段、主要功能和性能指标等方面与被模拟引信一致或相近,另外还要能完整地录取与干扰效果评估有关的各种试验数据。为安全起见,有时可采用摘火引信,即用惰性物质代替火工品的引信模拟设备。

引信模拟设备一般应考虑的主要性能指标包括工作波段(频率)、探测灵敏度、视场角、炸距(炸高)或作用距离范围、引战配合效率、抗干扰性能、可靠性、安全性等。

6.2 引信干扰技术及干扰机理

作为各类精确制导武器上的重要敏感部件之一,引信也成为一类电子干扰对象,引信对抗成为精确制导武器对抗的主要途径之一。引信对抗的目的和作用是,通过实施有源或无源电子干扰,扰乱、破坏精确制导武器引信的正常工作,使其失去近炸功能而不能及时引爆战斗部,即造成所谓"瞎火",或在目标进入战斗部动态杀伤区之前就启动并引爆战斗部,即造成所谓"早炸",从而降低引信与战斗部的配合效率,使武器对目标的杀伤概率下降。针对不同工作体制的引信,有不同的干扰技术手段,相应的干扰机理也不同。

6.2.1 无线电引信干扰

根据无线电引信的工作原理,可利用一般雷达干扰技术对无线电引信实施干扰。无线电引信干扰技术分为有源干扰、无源干扰两类,目前主要采用有源干扰。

对无线电引信的有源干扰,又包括压制干扰和欺骗干扰两种。

压制干扰利用强大的射频噪声功率破坏无线电引信的正常工作,要么使引信产生虚警,非正常启动而过早引爆战斗部,导致早炸;要么使引信接收机输出信噪比降低或过载饱和,导致引信检测目标困难,不能及时输出引爆信号,引起瞎火。其中,压制干扰使引信产生虚警并早炸容易理解。而使引信瞎火则有两方面原因:一方面,强噪声使引信接收机信噪比降低,检测概率随之降低,从而使引信难以检测目标;另一方面,一般无线电引信为抗干扰,都设置有大时间常数自动增益控制电路,当接收到长时间的强干扰信号时,自动增益控制电路启动,引信接收灵敏度会大大降低,或者完全闭锁,失去检测目标回波信号的能力。

与普通雷达干扰类似,用于对抗无线电引信的压制干扰也可分为扫频式干扰、阻塞式干扰和瞄准式干扰等几种。扫频式干扰系统发射等幅或调制的射频信号,其载频以一定速率在很宽的频带内按一定规律作周期变化。当载频扫过引信接收机通带时,如果干扰信号持续时间大于或等于引信接收机响应时间,而且干扰信号功率大于引信启动灵敏度电平时,引信便可能启动,引起早炸。阻塞式干扰系统在一个宽频带内发射大功率射频信号,可对该频带内的所有引信同时进行干扰。瞄准式干扰系统在接收引信信号并测得其工作频率后,将干扰发射机的频率对准引信频率,并将干扰信号功率集中在引信接收机通带内进行干扰。

对无线电引信实施欺骗干扰的一般工作方式为:干扰系统侦收引信信号并进行分析识别,然后将引信射频信号放大(对于转发式干扰),或用来调准干扰发射机频率(对于应答式干扰),再经适当调制和功率放大后再发射给引信。引信收到干扰信号后,误以为已经到达最佳距离,因而提前点火,导致早炸。最常用的欺骗形式是多普勒频率调制干扰,可在多普勒引信内产生虚假的弹目交会多普勒频率信息,使引信在距目标较远位置上提前启动。

一种综合性的无线电引信有源干扰设备组成如图6.7所示,包括接收天线、发射天线、低噪声放大器、混频器、频率综合器、放大解调及信号处理器、数字射频存储器、管理控制计算机、干扰信号产生器、调制放大器等部分。设备工作时,频率综合器按一定规律在工作频带内搜索,由接收天线所截获的引信信号经低噪声放大器放大后,在混频器 1 中与来自频率综合器的本地振荡信号进行混频,混频后产生的中频信号一路送数字射频存储器,另一路由放大解调及信号处理器进行测频、解调、分析和识别,如果识别出是某类引信信号,则将识别结果送给管理控制计算机,由计算机进行干扰决策,向滤波器组发送控制字选中该信号,由数字射频存储器进行存储并按干扰决策进行信号复制,计算机同时向干扰信号产生器发送控制字,使之产生需要的干扰调制信号并送至调制放大器,调制放大器根据干扰调制信号对复制信号进行调制并放大。该信号与频率综合器输出的本振信号在混频器 2 中混频,将干扰信号变换为射频信号,再经功率放大器放大后通过发射天线发射出去。

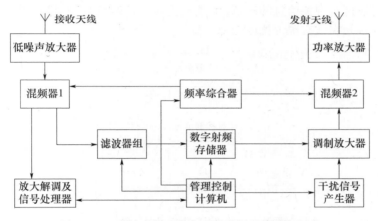

图 6.7　一种综合性无线电引信有源干扰设备组成

对无线电引信的无源干扰措施包括箔条、角反射器等。在远离目标的前方上空抛撒大量箔条,或投放一定数量的反射器,当引信接近箔条云或反射器时,箔条云或反射器会对引信射频信号产生较强反射,当反射信号功率超过引信启动电平时,可能使引信启动而导致早炸。

6.2.2　激光引信干扰

激光引信干扰技术也分为有源干扰、无源干扰两类,通常可将两种技术配合使用。有源干扰多采用激光距离欺骗干扰方式。引信干扰设备对来袭威胁目标发射波长与引信工作波长相同的高重频激光脉冲,使干扰信号在远距离上提前进入激光引信接收系统的距离选通门,使引信误判为目标回波信号,形成距离欺骗,导致引信提前输出引爆信号。对于距离选通型激光引信,干扰信号脉冲重复频率需足够高,以确保干扰信号脉冲能进入引信距离选通门。对几何距离截断型激光引信,由于很难使激光干扰信号进入引信探测区,只能采用无源干扰手段。对激光引信的无源干扰一般是通过向引信施放烟幕或发射激光高反射材料等,阻断引信与目标之间的传输光路,或形成空中假目标,以压制真正的目标回波信号,或形成目标欺骗,最终使引信失效或产生误判,不能输出或提前输出引爆信号,导致瞎火或早炸。

激光引信干扰设备一般由目标告警单元、信息处理单元、干扰控制单元和干扰实施单元等部分组成,如图6.8所示。设备工作过程如下:当装有激光引信的精确制导武器进入警戒区域时,首先由目标告警单元探测激光引信信号,与信息处理单元一起,对威胁目标方位、引信信号特征、引信工作视场、引信引爆距离选通系统工作方式等进行探测和识别,并将有关信息传送给干扰控制单元。干扰控制单元通过对有关信息的解算,生成干扰触发控制信号,在该信号的控制下,干扰实施单元实施有源干扰或无源干扰。

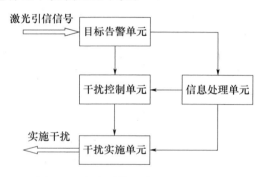

图6.8 激光引信干扰设备一般组成

6.2.3 红外引信干扰

由于红外引信是通过探测目标红外辐射来感知目标,因此可采用红外辐射特性与目标相似的辐射源,如红外诱饵弹等作为假目标,对红外引信实施欺骗干扰。假目标一般以投射方式布设,辐射波段应能覆盖被干扰红外引信的工作波段,辐射强度应足够大,以压制目标本身的红外辐射,从而可使引信在目标探测、识别过程中产生误判,引起早炸。

对红外引信还可采用强激光或烟幕进行干扰。利用工作波段内的强激光直接照射红外引信,有可能使引信探测器饱和、致盲或损坏,或使光学系统中某些元件损伤,可导致引信失效。利用烟幕对红外辐射的衰减,则有可能使红外引信探测不到目标,从而瞎火。

6.3 引信干扰效果试验

对于用在普通炮弹、炸弹上的引信,对其干扰效果的试验可以在实弹射击条件下,对弹上引信实施干扰来进行。但是,对于用在价值昂贵的精确制导武器上的引信,通过实弹打靶法检验引信干扰效果显然是不经济和不现实的。在这种情况下,通常是采用静态试验、绕飞试验、挂飞试验等方法,通过检测和分析引信在有无干扰条件下输出引爆信号的情况,推断引信引爆特性的变化,进而评估被试电子对抗装备对引信的干扰效果。

1. 静态试验法

在静态条件下,利用被试装备按战术使用要求对配试引信(或其模拟设备)实施干扰,采集记录引信输出信号,包括提前启动、不启动或延迟启动等,分析获得引信干扰效果。

2. 绕飞试验法

将配试引信安装在地面设施上,带有干扰设备的目标飞机在引信上空以不同高度作超低空飞越,模拟飞机与精确制导武器的交会条件,同时对引信实施干扰。试验中,利用真值测量设备实测飞机相对于引信的飞行轨迹,同时采集记录交会过程中引信的输出信号和其他有关数据。通过处理分析试验数据,可以得到干扰条件下引信的引爆区。最后,通过与无干扰时引信的引爆区进行比较,获得引信干扰效果。

3. 挂飞试验法

将目标模型(包括干扰设备)安装在离地面一定高度的支架上,配试引信安装在运载飞机下部,运载飞机在目标模型上空飞越,同时干扰设备对引信实施干扰(在进行箔条干扰试验时,需要将箔条投放在目标模型附近上空)。试验中,利用真值测量设备实测运载飞机相对于目标模型的飞行轨迹,同时采集记录交会过程中引信的输出信号和其他有关数据。通过处理分析试验数据,可以得到干扰条件下引信的引爆区。

6.4 引信干扰效果评估

如前所述,对引信实施电子干扰一般有两种后果:一种是使引信产生误判,选择错误引爆点,在目标进入战斗部动态杀伤区之前就启动,提前输出引爆信号,引起早炸;另一种是使引信丧失近炸功能而不能及时输出引爆信号,导致瞎火。无论是引信提前启动,还是瞎火,都会改变引信引爆区的位置和宽度,从而破坏正常的引战配合特性,削弱战斗部对目标的杀伤效果,导致精确制导武器对目标的杀伤概率下降。

6.4.1 干扰成功率准则

干扰成功率准则是一个普遍适用的干扰效果评估准则。对于引信,干扰成功率定义为对引信实现有效干扰的次数与实施干扰总次数之比。为此,首先需要确定对引信干扰是否有效的判别准则。由于对引信的干扰可以导致引信提前启动或瞎火,两种情况都破坏了正常的引战配合特性,影响到战斗部杀伤威力的正常发挥。因此,可以依据实施干扰后,引信是否提前启动或瞎火,来判定单次试验中对引信的干扰是否有效,即:

（1）当引信仍然能在其正常引爆区内输出引爆信号时,干扰无效；

（2）当引信提前启动或瞎火时,干扰有效。

为考核被试电子对抗装备对引信的干扰成功率,在相同试验条件下,利用被试装备对配试引信重复进行足够多次干扰试验(或者利用被试装备对足够多发相同配试引信同时进行干扰试验)。对于每次试验结果(或者每发配试引信试验结果),按照上述准则判别对引信的干扰是否有效,再对多次(或者多发配试引信)试验结果进行统计得出干扰成功率。

在引信干扰效果评估中,有时采用所谓引信干扰毁爆率的评估指标。引信干扰毁爆率定义为一组或一批被干扰毁爆的引信数与试验引信数之比。这种方法判定干扰有效与否的标准是实施干扰后引信是否提前引爆了战斗部,仅适用于干扰导致引信提前启动的情况。对于一般情况,则应该采用上述干扰成功率准则评估引信干扰效果。

6.4.2 效率准则

对引信干扰的结果,无论是引信提前启动还是瞎火,两种情况都使引战配合程度下降,进而导致精确制导武器杀伤概率下降。引信干扰效果评估的效率准则也称效果准则,是利用干扰前后引战配合效率下降系数 K_P 评估引信干扰效果。

所谓引战配合效率 η_P 一般定义为,配有实际引信的武器,在空间某点对某目标的单发杀伤概率 P_1,与配有理想引信的同一武器,在同一点对该目标的单发杀伤概率 P_0 的比值:

$$\eta_P = P_1/P_0 \tag{6.3}$$

当对引信实施有效干扰时,反映引信启动特性的概率密度即引信引爆规律发生变化,导致配有实际引信的武器对目标的单发杀伤概率变为 P_{1j},这时引战

配合效率变为

$$\eta_{Pj} = P_{1j}/P_0 \tag{6.4}$$

则干扰前后引战配合效率下降系数 K_P 定义为

$$K_P = \eta_{Pj}/\eta_P = P_{1j}/P_1 \tag{6.5}$$

因此,引战配合效率下降系数 K_P 等于有无干扰时精确制导武器单发杀伤概率之比,对比 5.4.4 节可知,效率准则也就是杀伤概率准则。可见,效率准则实际上是从引信受干扰后对精确制导武器整体性能产生的战术效果出发,依据干扰前后精确制导武器杀伤概率的变化来评估电子对抗装备对引信的干扰效果。显然 $K_P \leqslant 1$,K_P 越小,表明引信干扰效果越好。

当导弹的制导误差规律和战斗部的目标坐标杀伤规律已知时,可以通过绕飞试验和仿真,获得干扰前后的引信引爆规律,则根据式(6.1),可求得干扰前后导弹的单发杀伤概率,进而根据式(6.5)得到引战配合效率下降系数。

需要补充说明的是,在有的文献中提出利用引信相对杀伤比率指标来评估引信干扰效果,其中引信相对杀伤比率指标实际上就是配有引信的武器在有无干扰时对目标的杀伤概率之比。因此,引信相对杀伤比率准则也就是杀伤概率准则或效率准则。

此外,还有一些适用于特定干扰技术手段的引信干扰效果评估准则。例如,适用于雷达压制干扰的功率准则。对于扫频式、阻塞式、瞄准式等压制干扰,要想达到干扰无线电引信的目的,必须有足够的干扰功率以压制目标回波信号。因此,可以利用对引信达到预期干扰效果必需的最小干扰功率,来评估被试装备实现有效干扰的难易程度或干扰效果,此即功率准则。还比如,对于转发式欺骗干扰,可采用转发增益准则。因为转发式欺骗干扰对引信实施干扰的难度,一般来说不在于输出干扰信号功率的大小,而在于能否实现必需的转发增益。如果干扰引信必需的转发增益越大,表明被试装备对引信实现有效干扰的难度就越大。

第7章 机载火控系统及其干扰效果试验与评估

在使用精确制导武器时,通常需要有相应的火控系统进行配合。火控系统是发射武器的控制系统,用于提供目标信息并控制武器发射,是精确制导武器系统的重要组成部分。在精确制导武器系统作战过程中,需要利用火控系统中的雷达、光电探测设备搜索、识别、跟踪、瞄准、测量目标,这些设备是火控系统中最容易受到电子干扰的敏感、脆弱部分,因此它们与导弹上的导引头和引信一样,成为电子对抗装备的主要干扰对象之一,火控系统对抗也就成为精确制导武器系统对抗的一个重要方面。机载火控系统是应用最多、最有代表性的一类火控系统,本章以机载火控系统为例,讨论火控系统及其干扰效果试验评估问题。

7.1 机载火控系统

7.1.1 概述

机载火控系统一般由目标探测设备、飞行参数测量设备、火控计算机、显示控制系统、外挂管理系统等部分组成,如图7.1所示。其中,目标探测设备有雷达、光电探测设备两类,用于搜索、识别、跟踪、瞄准目标,并测量目标相对于载机的方位、距离、速度等运动参数,供飞行员(或武器操控人员)观察了解战场态势、瞄准锁定被攻击目标;飞行参数测量设备一般包括惯性导航设备、航姿测量设备、大气数据计算机、卫星定位设备、无线电导航设备等,用于测量载机位置、姿态、速度、加速度等飞行参数;火控计算机用于火力控制任务相关计算,主要包括传感数据融合、多目标情况下的威胁判断决策、武器飞行任务参数解算等;显示控制系统是飞行员与武器系统之间的人机接口界面,一般包括平显、下显、头盔显示器、操作控制器等,为飞行员提供战场环境、武器系统状态等信息显示和武器选择、准备、发射等操作控制界面;外挂管理系统用于武器的供电管理、飞行参数装定、发射控制等。

机载火控系统的一般工作过程为:根据作战指令,飞机携带导弹等武器进入指定作战空域,目标探测设备开始在一定范围内搜索目标;当探测到威胁目标后,可以在飞行员干预下识别并捕获目标;此后,目标探测设备稳定跟踪目标并

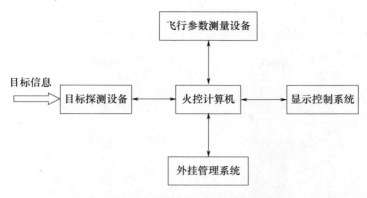

图 7.1　机载火控系统一般组成

实时测量目标相对于载机的方位、距离、速度等运动参数;火控计算机根据目标探测设备测量的目标运动参数和飞行参数测量设备测量的载机飞行参数,完成武器飞行任务参数解算;外挂管理系统根据火控计算机指令,向武器装定飞行任务参数并控制武器发射。根据上述工作过程,目标探测设备在机载火控系统中具有搜索、识别、跟踪、瞄准、测量目标的关键作用。

7.1.2　典型装备

这里作为机载火控系统典型装备,介绍美国的 AH – 64D"长弓阿帕奇"(Longbow Apache)武装直升机火控系统。该系统主要包括 AN/APG – 78(V)"长弓"火控雷达和"箭头"(Arrowhead)光电火控系统,两者配合使用,可有效发现并识别目标、划分目标威胁等级,并对目标进行跟踪、瞄准和测量,进而控制发射"海尔法"导弹及其他武器攻击目标。

"长弓"火控雷达为 Ka 频段毫米波雷达,主体安装在"阿帕奇"直升机主旋翼顶部的轮胎状雷达罩中,如图 7.2(a)所示。"长弓"火控雷达主要组成部分包括低旁瓣毫米波天线、固态发射机、阵列处理模块、低功率射频部件、射频干涉仪等,其中发射机功率放大模块由 16 片微波/毫米波集成电路组成。该雷达能在 55km^2 范围内搜索地面目标和空中的固定翼和旋翼飞行目标,并进行定位、分类和威胁等级判断。针对空中目标,可进行 360°全方位连续扫描,也可以重点扫描 180°、90°或 30°的扇形区域。针对地面或低空飞行目标,可扫描飞机轴线左右 90°、45°、30°、15°四种扇形区域。该雷达的发射机输出功率为 16W,对静止目标作用距离为 6km,对动目标达 8km。其信息处理模块能对履带车、轮式车、防空设施、直升机、固定翼飞机等目标进行分类,可同时跟踪 128 个静止或运动目标,将其中威胁等级最高的 16 个目标按优先级排序并同时显示。之所以采用毫

147

米波雷达,主要是由于直升机飞行高度要比战斗机低得多,毫米波雷达具有较强的抗地面杂波干扰能力,在复杂地形上空执行任务时,可以较好地克服恶劣环境的影响,探测发现隐藏在地面杂波中、机载光电探测设备不能发现的目标。另外,毫米波雷达的天线尺寸较小,更适合在直升机上安装。

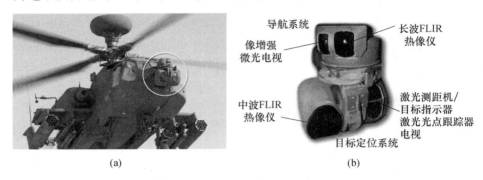

(a)　　　　　　　　　　　　　　　(b)

图7.2　"长弓阿帕奇"武装直升机火控系统

"箭头"光电火控系统又称"先进目标捕获指示瞄准/飞行员夜视系统"(Modernized Target Acquisition Designation Sight / Pilot Night Vision System,M – TADS/PNVS),安装在"阿帕奇"直升机头部,用于在发射"海尔法"导弹或其他武器之前精确定位目标,以及飞机在昼夜和各种天气条件下的导航飞行。"箭头"光电火控系统包括上方的飞行员夜视系统 PNVS 和下方的目标捕获指示瞄准具 TADS,是两个可旋转且相对独立工作的部分,如图 7.2(b)所示。

PNVS 主要用于夜间或不良天气条件下的低空导航,包括一个像增强微光电视和一个长波红外波段的宽视场(52°)前视红外(Forward – Looking Infrared,FLIR)热像仪。其中,微光电视主要用来观察近距离景物,热像仪主要用来观察远距离景物,所生成的微光、红外视频图像上可以叠加载机的速度、高度、方位等飞行数据,既可以显示在载机座舱内的显示器上,也可以配合一体化视觉头盔,跟随飞行员的头部运动显示在头盔显示器上。PNVS 在方位上可在 – 90°～ + 90°内转动,在俯仰上可在 – 45°～ + 20°内转动,转动速率最高达 120°/s,从而可以精确匹配飞行员头部的运动。系统还可以将来自微光电视和热像仪的图像融合为高分辨率多波段图像供飞行员观察,夜间视野异常清晰,使飞行员完全可以通过目测来鉴别各种景物,可在夜间低空高速飞行时避开电线、树木等障碍物,以确保飞行安全。热像仪也可用来探测发现威胁目标,生成的图像和相关信息被送至 TADS,以给予威胁目标提示。

TADS 为目标定位系统,主要用于搜索、识别、捕获、跟踪、瞄准、指示威胁目标,包括左右两个半球状转塔。其中,左侧的目标探测设备是中波红外波段的

FLIR 热像仪,可在雾霾、烟尘或夜间条件下使用,右侧包括单色或全色电视、激光测距机/目标指示器、激光光点跟踪器、直视光学瞄准具等目标探测设备,主要用于白天。TADS 可独立于 PNVS 转动,其搜索跟踪范围在方位上可达 −120° ~ +120°,俯仰上可达 −80° ~ +30°,并可随动于飞行员头部的运动,指向飞行员所看方向,将输出电视、红外视频图像投射到头盔显示器上。TADS 可提供宽、中、窄三个视场,分别用于搜索、识别和跟踪瞄准目标。

　　AH − 64D"阿帕奇"武装直升机借助"长弓"火控雷达和"箭头"光电火控系统,能够不受夜间和不良天气条件(如下雨、雾霾、烟尘等)的限制进行全天候作战。一般情况下,探测威胁目标主要由"长弓"火控雷达来完成。当雷达发现目标后,会给出威胁提示,飞行员即可利用"箭头"光电火控系统进一步搜索、识别、捕获、精确跟踪和瞄准威胁目标。"长弓"火控雷达和"箭头"光电火控系统能使"阿帕奇"武装直升机在夜间接近目标,在大于 12km 的距离上探测发现目标,在 7km 的距离上识别目标,在 3 ~6km 的距离上发射"海尔法"导弹或其他武器攻击目标。

7.1.3　目标探测设备

　　如上所述,机载火控系统中的目标探测设备主要有雷达、电视、微光夜视设备、红外热像仪、激光测距机等,这里介绍各类目标探测设备的一般组成和工作原理。

1. 机载火控雷达

　　从本书前面的论述中,我们已经知道,雷达是利用目标对电磁波的反射现象来探测目标的。当雷达天线辐射的电磁波照射到目标上时,一部分电磁波会沿入射方向反射回来,形成目标回波。回波携带着目标的有关信息,雷达通过接收并分析回波,便会感知到目标的存在并获得目标有关信息,包括目标相对雷达的距离、方位角、俯仰角和径向速度,目标的尺寸、形状,飞行目标的振动、螺旋桨或喷气发动机的转动等。目标的距离信息反映在回波脉冲相对于发射脉冲的延迟时间上;方位角、俯仰角信息反映在接收到回波时雷达天线的指向角上;径向速度信息反映在回波信号射频频率相对于发射信号的变化量即多普勒频率(或目标距离变化率)上;尺寸、形状信息反映在回波信号在纵向(距离)及横向(方位)的宽度上;振动、螺旋桨或喷气发动机的转动会使回波产生特殊的调制。因此,通过对雷达回波信号从时域、频域、空间域等多个尺度上进行复杂的处理分析,可以得到目标的各种信息。

　　目前,机载火控雷达主要采用脉冲多普勒体制,所以这里以脉冲多普勒体制雷达为例介绍机载火控雷达。机载脉冲多普勒雷达利用多普勒效应检测目标,可以较好地解决飞机在中、低空飞行和雷达下视时遇到的地面杂波干扰问题。机载脉冲多普勒雷达的组成与3.5.2节所述的主动式雷达导引头相似，一般包括激励器、发射机、天线、馈线、接收机、数字信号处理机、数据处理机、显示控制系统、伺服系统等部分，如图7.3所示。

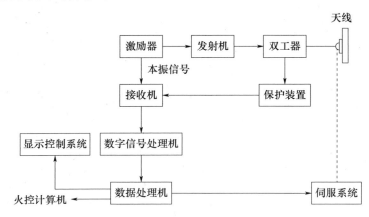

图7.3　机载脉冲多普勒雷达一般组成

激励器用来产生一个连续的、具有高频率稳定度的低功率微波频率信号送往发射机，同时为接收机提供一个与发射信号频率相参的低功率微波信号作为本振信号，其偏离发射信号频率的值为预定的中频频率。发射机一般是由栅控行波管构成的微波功率放大器，用于将激励器送来的低功率微波信号进行功率放大，并通过对行波管栅极的控制，形成具有任意宽度和重复频率的射频脉冲。馈线又称微波馈电系统或高频传输系统，主要任务是发射时将射频脉冲传送到天线，接收时将天线接收的回波信号传送到接收机。图中示出馈线部分的两个主要器件，即双工器和接收机保护装置。双工器为收、发转换装置，用于在发射期间将发射机与天线接通，并断开接收机，其余时间则将天线与接收机接通，同时断开发射机。接收机保护装置是为了防止发射机能量经双工器泄漏进入接收机，以及防止特大反射能量进入接收机而使接收机电路损坏。天线用于向空间辐射微波信号和接收目标回波信号，一般采用高增益、低副瓣的平板裂缝阵列天线。接收机对微弱的回波脉冲信号进行低噪声前置放大、多次中频变换和放大，再通过相位检波器变换为视频信号，并将每个发射周期接收的回波信号按距离单元的先后顺序进行A/D转换，使回波信号幅度数字化。数字信号处理机对各距离单元的回波信号进行杂波滤除，并进行多普勒频谱分析，从频域中检测出目标数据。数据处理机用于雷达各部分工作控制、目标数据处理、对外数据交换、雷达操作监测及状态自检等。其中，目标数据处理主要包括：对目标数据进行解模糊处理,得到目标的距离和多普勒频率(速度),与目标角度数据综合后,送到显示控制系统显示,同时送火控计算机用于火控解算;在雷达处于跟踪状态时,完成目标跟踪数据(距离、角度、速度)相关和滤波。伺服系统用于控制天线在方位和俯仰方向上转动,以搜索、跟踪目标。

机载火控雷达有两种基本工作状态:搜索状态和跟踪状态。

搜索状态是指雷达天线辐射的电磁波在一定空域内不断扫描探测的工作状态。由于雷达天线波束照射范围很小(一般为1°~2°左右),要发现一定空间范围内的目标,就需要进行搜索。在搜索状态下,天线在伺服系统控制下,在方位、俯仰方向上按一定规律(即搜索扫描图形)在整个探测范围内转动,当天线波束扫过目标时会引起目标反射回波,回波被天线接收后,进入接收机被放大、变换成视频信号,再经数字信号处理机和数据处理机处理后得到目标的位置数据,最终在显示器上显示出搜索空域内所有目标的位置信息。

跟踪状态(单目标)是指雷达天线波束始终照射在一个目标上并进行连续测量的工作状态。在跟踪状态下,当目标偏离天线指向轴时,利用天线的特殊波束可以检测出目标偏离指向轴的方向和大小(误差角),误差角信号经数字信号处理机和数据处理机处理后,通过伺服系统控制天线向着减小误差角的方向转动,直到天线指向轴对准目标。随着目标运动,又出现新的误差角,天线就继续随着目标转动,从而实现自动跟踪。由于在跟踪过程中天线波束始终照射目标,目标回波信号是连续的,因此雷达可以对目标进行连续的精确测量。

2. 电视

电视也称电视摄像机,是一类通过探测景物反射的可见光辐射而成像,并转换为全电视视频信号的光电成像系统,一般由光学系统(镜头)、电视摄像器件、视频信号处理电路、显示器等部分组成,如图7.4所示。其中,光学系统用于收集来自景物的可见光辐射并成像于电视摄像器件的光敏面上;电视摄像器件用于将可见光图像转换为时序视频信号;视频信号处理电路对视频信号进行处理,包括自动增益控制、校正、与行/场同步信号和消隐信号合成、功率放大等,最后得到全电视信号;显示器用于显示景物图像以供观察。

图7.4　电视一般组成

电视摄像器件是电视摄像机的核心,分为电视摄像管和CCD摄像器件两类,相应地,电视摄像机分为摄像管电视摄像机和CCD电视摄像机两类。以下分别介绍两类电视摄像机,重点是电视摄像管和CCD摄像器件的组成结构和工作原理。

1）摄像管电视摄像机

摄像管电视摄像机采用电视摄像管作为摄像器件。电视摄像管是一种电真空器件,由封装在真空玻璃管内的摄像靶、电子枪和套在管外的扫描偏转线圈等部分组成,如图 7.5 所示。在摄像管的最前端是玻璃面板,面板内壁蒸镀有一层透明的导电膜,称为信号电极,它与包绕在面板周围的金属环相连以引出图像信号。在信号电极上又蒸镀一层薄的光电导材料,此即摄像靶。光电导材料不同,则形成不同种类的摄像管,如硫化锑（Sb_2S_3）光导管、氧化铅（PbO）光导管、碲化锌镉（ZnCdTe）光导管、硒化镉（CdSe）光导管、硅靶摄像管（用硅光电二极管阵列作为摄像靶）等。光电导材料的面电阻率很高,摄像靶可以看成是由几万到几十万个各自独立的光敏元（或称像素或像元）组成,外界景物光辐射通过光学系统后成像在位于焦平面的摄像靶上,由靶面完成景物图像的光电转换及电荷存储过程。电子枪在摄像管的末端,由灯丝、阴极、控制栅极、加速电极、聚焦电极等组成,用于产生会聚的电子束流。扫描偏转线圈与电子枪各电极组成电子光学系统,可使电子束流按照一定的电视制式,对摄像靶进行行、场扫描,完成图像信号的读出过程。

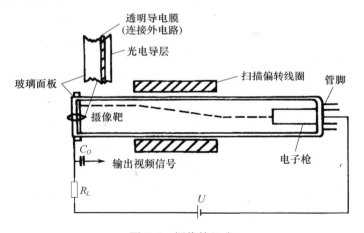

图 7.5　摄像管组成

摄像管的工作原理简述如下:光电导材料的基本特性是在无光照时具有极高的电阻率,而在受到光照时,会产生光生载流子,从而使电导率增大,而且光照越强,产生的载流子就越多,电导率也越大。光电导摄像靶上的每个像素等效为一个 RC 并联电路,其中 R 是因光照而变化的体电阻,C 为体电容。如图 7.6 所示,在摄像管工作时,在信号电极和发射电子束的阴极之间加有电压 U。在初始无光照时,摄像靶上像素无电导,电子束在电子光学系统的作用下逐点扫描靶面像素时,像素电容 C 被充电到 U,像素面向真空一侧 T_V 端的电位等于阴极电位。在成像积分时间内,入射光穿过透明的信号电极照在摄像靶上,靶面像素由于光照产生载流子,电导率 G 增大,像素电容 C 上的电压 U 就通过 G 放电,像素真空侧 T_V 端电位上升 ΔU(像素面向信号电极一侧 T_E 端与 U 相连,保持为 U),电容两端的电荷移动量 $\Delta q = \Delta U \cdot C$,可看作电容将像素因光照产生的电量以电荷移动量的形式存储起来。于是,摄像靶将输入图像的光照度分布转化为靶面像素真空侧 T_V 端电位的二维空间分布,从而完成景物图像的光电转换及电荷存储过程。这样,当成像积分完成、电子束再次扫描着靶时,因像素真空侧 T_V 端电位与阴极电位已不平衡,电子束就对电容 C 充电,使真空侧 T_V 端电位与阴极电位重新达到平衡,为下一帧成像积分做准备。当充电电流流过外电路负载电阻 R_L 时,便形成信号输出。像素上的光照越强,产生的载流子就越多,则像素电导率 G 越大,放电速度就越快,在同样的一帧成像积分时间内像素电容 C 两端的电荷移动量也就越大,像素真空侧 T_V 端电位高于阴极电位就越多,因此在电子束对该像素扫描时对电容的充电电流就越大,输出信号也就越大。于是,形成随靶面光照强弱分布而变化的时序信号输出,从而完成靶面图像信号的扫描读出过程。

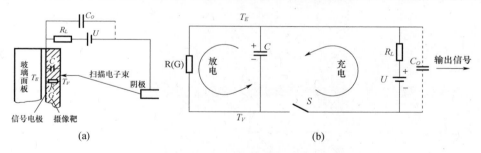

图 7.6　摄像管工作时的等效电路

为使摄像管正常工作,还需要相应的电路。摄像管电路主要包括预放器、同步信号发生器、高压发生电路、行/场扫描驱动电路、消隐电路等。其中,预放器是一个高增益、低噪声、宽频带放大器,用于将摄像管输出的微弱信号电流进行初步放大,使之达到一定幅度,以供后续进一步放大处理;同步信号发生器用于产生行/场扫描同步信号、复合同步信号、复合消隐信号、箝位信号等,其中行/场扫描同步信号加到行/场扫描驱动电路作为触发同步脉冲,复合同步信号、复合消隐信号、箝位信号则送至视频信号处理电路用于形成全电视信号;高压发生电路用于产生加在摄像管电子枪各电极上的聚焦电压、加速电压、靶压、束流控制电压等;行/场扫描驱动电路在行/场扫描同步信号的触发下,产生一定频率的线性良好并具有足够幅度的锯齿波电流,分别加到套在摄像管外的行/场偏转线圈上,从而使摄像管中的电子束在靶面上作水平方向的行扫描和垂直方向的场扫描;消隐电路用于产生消隐脉冲,在行/场扫描的逆程,加到摄像管的阴极,使电子束截止,起到消隐回扫线,避免对图像形成干扰的作用。

摄像管电视摄像机的视频信号处理电路的主要功能包括视频信号的放大、自动增益控制、箝位、切割与压缩、校正、同步/消隐信号混入等,最后输出全电视视频信号。其中,箝位的目的是恢复视频信号在多级交流放大中损失的直流分量;切割与压缩用于改善图像信号的对比范围,使得显示的图像更清晰;校正主要包括两个方面:一是校正因摄像管光电转换的非线性造成的图像失真,二是对因孔阑效应造成细节和轮廓不清的图像信号加以补偿,使显示的图像细节和轮廓变得清晰。

摄像管电视摄像机的主要缺点在于体积较大,在强光照射下容易损坏。

2)CCD 电视摄像机

CCD 电视摄像机采用 CCD 作为摄像器件。CCD(Charge Coupled Device)是基于微电子学超大规模集成电路技术制成的全固态摄像器件,它将电视摄像的几个物理过程,即景物图像的光电转换及电荷存储、电荷转移和信号读出,通过一个集成的半导体芯片,在外驱动电路控制下一并实现。CCD 摄像器件的工作原理如图 7.7 ~ 图 7.9 所示。

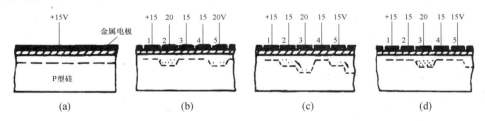

图 7.7　MOS 管电荷转移原理

如图 7.7(a)所示,在 P 型硅上生长一层 SiO_2 绝缘层,在 SiO_2 层上再沉积一层金属电极,在电极上相对于硅基片加一正电压,于是就构成一个 MOS(Metal – Oxide Semiconductor)电容器或 MOS 管。如果在硅基片内有自由电子,则将受到正电极的吸引,向靠近绝缘层的表面内聚集,即电子在表面层将具有较低能量,形成电子沟道。采用光刻方法,将金属电极分割成许多块(图 7.7(b)),并施加不同电压,如电极 1、3、4 加 +15V,电极 2、5 加 +20V,这样,电极 2、5 下面表面层的电子势阱就要比相邻电极 1、3、4 下面的势阱深。如果在硅基片中用某种方法产生或注入自由电子,则电子就会进入电极 2、5 处的势阱。如果将外加电压改变,电极 3 加 +20V,电极 1、2、4、5 加 +15V,则电极 3 下的势阱突然降低,低

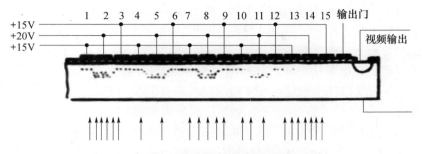

图 7.8　一维 CCD 电荷存储、转移及输出原理

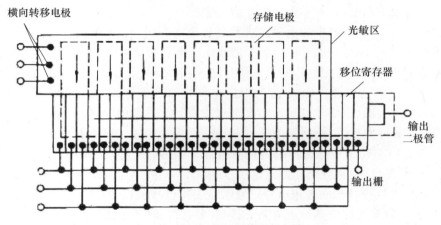

图 7.9　线阵 CCD 摄像器件组成

于电极 2 下的势阱,电极 2 下面的电子就会流向电极 3 下面的势阱,如图 7.7 (c)、(d) 所示。通过改变电压,还可把电极 3 下面的电子迁移到电极 4 下面的势阱。恰当改变各电极的电压,就可以将电荷从硅表面层内的一点转移到另一点。

如果把上述器件做成电极数目很多的一个线列,如图 7.8 所示,将电极 1、4、7 等连在一起加电压 $\varphi_1 = +15V$,电极 2、5、8 等连在一起加电压 $\varphi_2 = +20V$,电极 3、6、9 等连在一起加电压 $\varphi_3 = +15V$,每三个相邻电极作为一组,称为一位。如果硅基片的另一面受到来自景物的光照射,因光电效应激发产生载流子,则载流子中的电子会向表面层扩散进入相应势阱。各势阱中的电子数与该处的光照度成正比,于是景物图像的光照度分布便转化为相应势阱中电子数的空间分布,完成了景物图像的光电转换及电荷存储过程。如果改变外加电压,使 $\varphi_1 = +15V,\varphi_2 = +15V,\varphi_3 = +20V$,则原来在 2、5、8 等电极下面的电子就会迁移到 3、6、9 等电极下面。这种顺序轮转的电压称为时钟电压。在时钟电压变化

155

的同时打开输出门电路,则最后一个电极下面的电子就通过 PN 结形成输出信号。当时钟电压不断轮转时,PN 结就把图中从左至右各势阱中的电荷分布,也即光照度分布变成时序信号输出。

为了避免在电荷从左向右转移时受到沿途各点连续光照产生载流子的影响,在 CCD 摄像器件中通常还有专门的电荷转移环节。这样,实际的 CCD 摄像器件是由光敏区、转移区和输出电路等几部分构成,如图 7.9 所示。其中,光敏区通常利用光电转换性能更优的光电二极管阵列取代上述 MOS 管阵列,也可由其他能与 CCD 结合工作的红外探测器阵列构成,从而形成可用于红外热像仪的红外焦平面阵列探测器。在行扫描期间,光敏区完成光电转换和电荷积分。转移区为移位寄存器,其寄存单元与光敏区像素一一对应。在行回扫期间,当输入转移脉冲时,光敏区产生的电子即转移到移位寄存器内。在移位寄存器上加上前述时钟电压,即可完成沿移位寄存器线向的电荷移动和时序信号输出。于是,利用单片器件完成了光电转换及电荷存储、电荷转移、信号读出的摄像全过程。

上述 CCD 摄像器件中的电荷存储、电荷转移和信号读出过程,都是在相应驱动电路产生的行/场转移脉冲和读出脉冲控制下进行的。CCD 驱动电路主要包括标准脉冲发生器、同步发生器、行/场驱动放大电路,其中,标准脉冲发生器用于产生 CCD 摄像器件所需的各种时钟脉冲信号,同步发生器用于产生行/场同步信号、复合同步信号、复合消隐信号等。

CCD 电视摄像机的视频信号处理电路主要包括采样保持电路、自动增益控制电路、图像非线性失真校正电路、视频放大电路、同步/消隐混合电路等,其中,采样保持电路的任务是从 CCD 摄像器件输出的包含有图像信号、复位电平和干扰脉冲的视频信号中取出图像信号并消除干扰,其余电路功能与摄像管电视摄像机相应电路类似。

与摄像管电视摄像机相比,CCD 电视摄像机的优点主要表现在:①CCD 器件本身很小,而且由于有自扫描功能,省去了摄像管中所需的扫描偏转线圈、灯丝、高压供电电源等,使得摄像机的体积、重量大大减小;②不易被强光灼伤;③由于 CCD 为固体器件,使得摄像机的抗振动冲击能力显著增强;④CCD 器件不用电子束扫描读取图像信号,而是利用时钟脉冲有规律地转移、读出图像信号,不存在几何失真,视频信号处理电路大大简化;⑤惰性低、启动快。此外,CCD 电视摄像机还具有光谱响应范围宽、灵敏度高、抗干扰能力强、可靠性高、寿命长、价格低等诸多优点。因此,20 世纪 80 年代以来,随着 CCD 摄像器件的普遍应用,CCD 电视摄像机已逐步取代了摄像管电视摄像机。

3. 微光夜视设备

微光夜视设备是一类用于对夜天微弱光照条件下的景物进行成像的光电成

像系统。夜天微光来自太阳、地球、月亮、恒星、云层、大气等自然辐射源,只是由于其光照度太弱,低于人眼视觉阈值,因此不足以引起人眼的视觉感知。利用微光夜视设备,可以把景物辐射增强至正常视觉所要求的程度,并将有效光谱区延伸至裸眼不能感知的近红外波段,从而在夜天微光下实现对景物的清晰观察。

微光夜视设备分为微光夜视仪和微光电视两类。微光夜视仪直接用于人眼观察,微光电视则可以得到景物的电视视频图像信号,从而可通过显示器显示,也可作进一步处理和应用。

1)微光夜视仪

微光夜视仪主要由成像物镜、微光像增强器(也称微光管)、目镜等部分组成,如图7.10所示。成像物镜用于收集景物反射的微光并成像于微光像增强器的光阴极上。微光像增强器用于将光阴极上的微弱光照度转换为电子图像,并经过电子放大,再转换为可见图像。目镜用于放大景物视角,以供人眼观察。

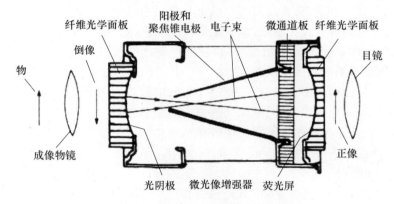

图7.10 微光夜视仪及微光像增强器组成

微光像增强器是微光夜视仪的核心,是实现微光景物亮度增强的关键部件。微光像增强器一般由光阴极、电子光学透镜、微通道板(Microchannel Plate,MCP)电子倍增器、荧光屏以及纤维光学面板等功能部件组成。其工作过程为:光阴极在输入光照度的激发下,产生相应电子图像,在超高真空管内,这些电子在外部高压作用下加速,并受电子光学透镜聚焦、偏转,再经过微通道板电子倍增器的倍增放大,最后以高能量轰击荧光屏发光,产生亮度比原景物大得多的相应可见光图像。

光阴极是像增强器的光电子传感器,由光电发射材料制成,用于将输入光子图像转换为相应电子图像。光阴极的工作原理基于外光电效应。当光阴极受到光照射后,满带中电子吸收光子被激发到高于真空能级的导带中的高能态上,且受激电子数与光照度成正比。受激电子通过扩散或漂移作用向真空界面运动,当输运至真空界面的受激电子所剩余的能量足以克服光阴极材料的表面势垒时，便会逸出阴极表面进入真空，形成光电子发射。光阴极材料是制约微光成像设备性能的基本因素。实用的光阴极主要有 Ag – O – Cs 光阴极、多碱光阴极、负电子亲和势光阴极等。

电子光学透镜包括专门设计的特殊形状电极系统、电流线圈或永磁铁，用来形成特定的电场和磁场分布，以实现对电子束的加速、聚焦和偏转。

微通道板是一种大面阵电子倍增器，是一块被加工成薄片（厚度 1mm 左右）的空芯玻璃纤维二维阵列（纤维数目以百万计）。每根空芯玻璃纤维管是一个电子微通道，其内径从几微米到几十微米，内壁覆盖一层电阻性二次电子发射膜，每个微通道相当于一个微型连续打拿级光电倍增管。微通道板两端加有直流工作电压，当输入电子以一定角度打到某个微通道内壁上时，由于内壁的高二次发射特性，会产生多个二次电子，它们被外加电压加速后，再次轰击内壁产生更多电子。如此下去，便可获得很高的电子数倍增输出。

荧光屏上沉积有荧光粉层，基于电致发光原理，荧光粉层在高能电子束的轰击下，可以发出大量可见荧光光子，而且屏的输出亮度与输入电子流密度成正比，从而与输入图像光照度成正比。

纤维光学面板是由单丝直径为 $3 \sim 10\mu m$ 的数以百万计的光导纤维制成的大面积阵列式无源传像元件，基于光的全反射原理，能将二维光学图像从一端传递到另一端，普遍应用于像增强器中各环节之间光子图像的耦合传递、倒像以及像场弯曲补偿等。

2）微光电视

微光电视主要由光学系统、微光摄像器件、视频信号处理电路、显示器等部分组成，如图 7.11 所示。光学系统用于收集景物反射的微光并成像于微光摄像器件的光敏面上。微光摄像器件用于将微弱光子图像转换为时序视频信号。视频信号处理电路对视频信号进行处理得到全电视信号。显示器用于显示景物可见图像。

图 7.11　微光电视组成

微光摄像器件是微光电视的核心部件，有像增强摄像管和微光 CCD 两类。

像增强摄像管的组成结构如图 7.12 所示，分为移像段和扫描段两部分。与普通电视用摄像管相比，在摄像靶前增加了移像段。移像段的组成和功能与微光像增强器相同，只是用摄像靶取代了荧光屏。通过微通道板倍增放大的高能电子束直接轰击摄像靶,可进一步提高电子增益。扫描段等同于普通摄像管,信号扫描读出过程也与普通摄像管一样,由各电极和扫描偏转线圈组成的电子光学系统,使摄像管尾部的电子枪发射出的电子束以逐行扫描方式对摄像靶进行二维扫描,将靶面上的电子图像转换为一维时序电流信号,从阳极输出。

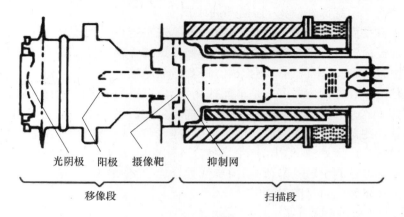

图 7.12　像增强摄像管组成结构

微光 CCD 又有单片式微光 CCD 和像增强 CCD 两类。单片式微光 CCD 与普通 CCD 原理相同,但制作工艺较为复杂,常温下暗电流噪声较低,且使用时需要制冷,以使其暗电流噪声进一步降低,从而可探测光照度要比普通 CCD 低一个量级以上。像增强 CCD 是将微光像增强器和 CCD 耦合得到的微光摄像器件。微光像增强器与 CCD 的耦合方式有光纤耦合、中继透镜耦合等多种方式。光纤耦合采用纤维光学面板作为耦合元件,利用其传像特性,可将微光像增强器荧光屏输出的像增强图像,耦合到 CCD 的光敏面上。中继透镜耦合方式采用中继透镜将微光像增强器的输出图像耦合到 CCD 的光敏面上。

4. 红外热像仪

红外热像仪是一种通过探测景物的自然红外辐射而成像,并转换为可见图像的光电成像系统。红外热像仪的工作波段多在 $3 \sim 5\mu m$ 的中波红外、$8 \sim 12\mu m$ 的长波红外两个大气窗口,也有少量在 $1 \sim 3\mu m$ 的短波红外。

按照成像方式的不同,红外热像仪可分为光机扫描式和凝视式两类。光机扫描式红外热像仪采用单元或多元红外探测器,通过扫描机构驱动光学系统部件摆动或旋转,使探测器视场顺序扫描物方空间获得全视场景物的红外热图像。凝视式红外热像仪的成像方式与电视类似,采用可以覆盖物方视场的大规模红外探测器阵列,直接对全视场景物成像。

1）光机扫描式红外热像仪

光机扫描式红外热像仪主要由光学系统、扫描系统、红外探测器组件及其制冷器、探测器偏置及前放电路、视频处理器和显示器等部分组成。

光学系统用于收集来自景物的特定波段的红外辐射。扫描系统由可以摆动或旋转的光学系统部件（称为扫描部件或扫描镜）及其驱动机构组成。常用的扫描部件有平面反射摆镜、多面反射镜鼓等。按一定程序摆动平面反射摆镜或旋转多面反射镜鼓，可以使物方视场内景物各点红外辐射按一定规律依次落在探测器上，从而完成全视场景物扫描。探测器顺序接收景物各点红外辐射并转换为电信号。红外探测器可以是单元探测器，也可以是多元线列探测器或小规模面阵探测器，相应的扫描方式有单元扫描、多元线列并联扫描、面阵串—并联扫描等。探测器偏置和前放电路用于提供探测器正常工作所需的偏置电压，并对电信号进行放大处理，输出时序视频信号。视频处理器对视频信号进行处理，包括自动增益控制、校正、与行/场同步信号合成、功率放大等，最后驱动显示器显示全视场景物的可见图像。

2）凝视式红外热像仪

早期的凝视式红外热像仪主要是基于热释电摄像管的热释电摄像仪。热释电摄像管在组成结构和工作原理上与电视摄像管类似，主要差别在于摄像靶材料改为对温差和热辐射敏感的热释电材料，从而实现了基于电子束扫描的凝视式热成像。随着大面阵红外焦平面探测器件制造工艺的成熟，红外焦平面阵列热像仪已成为目前普遍应用的凝视式红外热像仪。

红外焦平面阵列热像仪主要由光学系统、红外焦平面阵列探测器组件及其制冷器、视频处理器、显示器等组成，如图7.13所示。光学系统用于收集来自景物的特定波段红外辐射，并成像于探测器上。红外焦平面阵列探测器组件包括用于敏感红外辐射的探测器阵列和用于视频信号读出的CCD及其驱动电路。红外探测器阵列和CCD的集成方式有单片式和混合式两种。单片式结构将探测器和CCD集成在同一块半导体基底上，探测器与CCD之间互联不需要额外连线。混合式结构则是分别制作红外探测器阵列和CCD，再将两者互联。制冷器用于保持红外探测器正常工作所需的低温环境。对于非制冷型红外探测器，则无需制冷器。视频处理器对红外焦平面阵列探测器组件输出的视频信号进行处理，包括自动增益控制、校正、与行/场同步信号合成、功率放大等，最后驱动显示器显示景物的可见图像。

5. 激光测距机

激光测距机是一种用于目标测距定位的光电非成像探测设备。根据工作体制的不同，激光测距机可分为相位激光测距机和脉冲激光测距机两类。其中，相

图 7.13　红外焦平面阵列热像仪组成

位激光测距机采用调幅连续波激光测距,实际应用较少,这里仅介绍目前广泛应用的脉冲激光测距机。

与脉冲雷达的测距原理相似,脉冲激光测距机是通过检测激光窄脉冲到达目标并经目标反射返回到测距机的往返传播时间来进行测距的。设激光脉冲往返传播时间为 t,光的传播速度为 c,则目标距离 $R = ct/2$。激光脉冲往返传播时间是通过计数器计数从激光脉冲发射,经目标反射再返回到测距机的全过程中,进入计数器的时钟脉冲个数来测量的。设在这一过程中,有 N 个时钟脉冲进入计数器,时钟脉冲的重复频率为 f,则目标距离 $R = cN/2f$。

脉冲激光测距机主要由激光发射系统、激光接收系统、计数显示系统等部分组成,如图 7.14 所示。激光发射系统由调 Q 激光器及其电源、发射光学系统等组成,用于产生特定波长、重频和脉宽的激光脉冲,并经过压缩光束发散角后发射到远场目标上。激光接收系统由接收光学系统(含光阑、窄带滤光片)、探测器、放大及整形电路等组成,其任务是接收来自激光发射系统的主波取样脉冲信号和经目标反射回来的回波脉冲信号,将其转换为电脉冲信号并加以放大、整形,以驱动计数显示系统。计数显示系统由门控电路、门电路、时标振荡器、延时复位电路、计数显示电路等组成,其作用是对放大及整形电路输出的主波取样信号和回波信号之间的时间间隔进行测量,计算并显示所测距离。

脉冲激光测距机的一般工作过程如下:当系统启动后,激光器发射激光脉冲,经发射光学系统扩束后射向目标。与此同时,发射激光脉冲的一小部分经棱镜或大气取样,直接进入激光接收系统,作为主波取样信号,经过探测器光电转换,再经放大及整形电路放大、整形后,驱动门控电路输出一开门脉冲,打开电子门。这时,时标振荡器产生的固定重复频率的时钟脉冲通过电子门进入计数器,计数器开始计数时钟脉冲个数。从目标反射回来的激光回波脉冲信号经过接收光学系统的会聚之后到达探测器,经光电转换、放大和整形,驱动门控电路输出关门脉冲信号,关闭电子门,时钟脉冲不再通过电子门进入计数器,计数器结束计数。根据计数器计数的时钟脉冲个数,计算得到目标距离并显示出来。

由于激光半主动寻的制导用的激光目标指示器对激光发射信号的要求与激光测距机相近,因此用于机载火控系统的激光测距机,常常设计为兼有目标指示功能的激光测距/目标指示系统,其中激光测距和目标指示共用一个激光发射系统。在这种情况下,为了同时满足目标指示的要求,一般需要将激光脉冲重复频

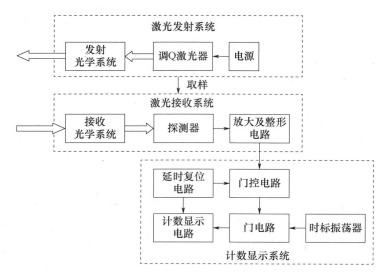

图 7.14　脉冲激光测距机组成

率提高到 10~20Hz 或更高,并对激光脉冲进行编码,所以系统在组成上还需要增加激光脉冲编码器。

6. 光电搜索跟踪系统

电视、红外热像仪等光电成像探测设备除了提供战场环境的视频图像用于飞行员直接观察,还可以结合搜索、跟踪平台,构成光电搜索跟踪系统,用于目标的自动搜索、捕获、跟踪和测量。光电搜索跟踪系统的一般组成如图 7.15 所示。其中,搜索系统由搜索信号产生器、状态转换机构、放大器、测角机构和执行机构等组成,跟踪系统由光电摄像头(电视/红外热像仪)、图像信号处理器、状态转换机构、放大器和执行机构等组成。

系统工作时,首先处于搜索状态。由搜索信号产生器发出搜索指令信号,经放大器放大后送给搜索跟踪执行机构,带动光电摄像头按一定规律对待搜索的空域进行扫描探测。测角机构输出与执行机构转角成比例的信号,并将该信号与搜索指令相比较,比较的差值经放大后又去控制执行机构运动,这样执行机构将带动光电摄像头跟随搜索指令而运动。在搜索过程中,如果光电摄像头探测到目标,飞行员经识别确认后可给出目标捕获指令,将有控制信号送给状态转换机构,使系统转入跟踪状态,同时搜索信号产生器停止发送搜索指令信号,光电摄像头便在搜索跟踪执行机构的带动下开始自动跟踪目标。

在跟踪过程中,由图像信号处理器对光电摄像头输出的视频图像进行处理分析,检测出目标在视场中的位置,这时目标相对于视场中心(即光电摄像头光

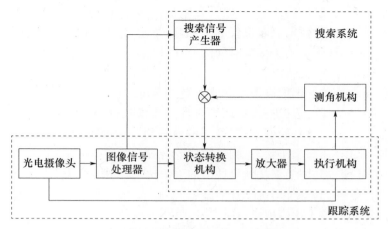

图 7.15　光电搜索跟踪系统一般组成

轴)的偏差角即为跟踪误差。当系统跟踪运动目标时,始终存在一定跟踪误差。基于跟踪误差,图像信号处理器生成相应误差信号,经放大器放大后驱动执行机构运动,带动光电摄像头向减小跟踪误差的方向转动,直至目标视线与光轴重合,图像信号处理器输出误差信号为零。如果由于目标运动又产生跟踪误差,则系统重复以上过程,便实现了对运动目标的自动跟踪。

7.1.4　目标探测模拟设备

　　如前所述,在机载火控系统中,对电子干扰敏感的主要是目标探测设备,因此,为检验和评估电子对抗装备对机载火控系统的干扰效果,通常以目标探测设备或其模拟设备作为配试干扰对象。用于电子干扰效果试验的目标探测模拟设备,既要在工作体制、工作波段、主要功能和性能指标等方面与被模拟火控系统目标探测设备一致或相近,还必须能够录取与干扰效果评估有关的各种试验数据,并具有适合在各类预定的试验装载平台(如飞机)上安装、使用的机械、电气、信息接口以及外形尺寸、重量、供电、环境适应性、电磁兼容性等设计。另外,为提高试验设备建设效费比,目标探测模拟设备常常设计为兼容多种工作体制或工作波段、可实现多种功能的通用设备。

　　1. 机载火控雷达模拟设备

　　机载火控雷达模拟设备的工作体制一般应与被模拟机载火控雷达一致,但有时为提高设备的通用性,可设计为具有脉冲多普勒、相控阵、合成孔径、脉冲压缩等多种工作体制,兼顾火控、侦察等多种用途的多功能雷达模拟设备。

　　机载火控雷达模拟设备在组成上除了包含有典型机载火控雷达的主要组成

部分以外,为了便于试验评估,一般需要增加试验数据录取设备、时统终端设备等模块。其中,试验数据录取设备用于录取、处理与干扰效果评估有关的各种试验数据,时统终端设备用于接收时统信号,以统一模拟设备与试验系统其他设备之间的时间。

对机载火控雷达模拟设备的主要功能要求包括:具有空/空、空/面工作方式和搜索、单目标跟踪、边扫描边跟踪等多种工作模式;具有与被模拟对象一致或相近的信号样式和信号处理方式;可测量目标相对于载机的距离、角度、速度等参数;具有工作参数、工作状态、测量数据等各种试验数据的采集、记录、处理、显示功能,能处理得到用于干扰效果评估的干信比、检测概率、有效干扰扇面、参数测量误差等数据;具有常用抗干扰措施等。

设计机载火控雷达模拟设备时,一般需要考虑的主要性能指标包括:工作频率、工作带宽、天线形式与口径尺寸、天线增益、天线极化形式、天线波束宽度、副瓣电平、发射功率、信号样式、系统噪声系数、接收机动态范围、信号频谱纯度、地杂波抑制能力、探测距离、跟踪距离、测量精度(包括测距精度、测角精度、测速精度)、分辨率(包括距离分辨率、角分辨率、速度分辨率)、观测空域、速度测量范围、抗干扰措施等。

2. 机载光电探测模拟设备

机载光电探测模拟设备通常设计为适合于挂装飞机的吊舱形式。吊舱中包含的探测设备种类根据被模拟对象而定,常设计为包含多种常用光电探测设备的综合光电吊舱。

配置齐全的综合光电吊舱一般由电视、微光夜视设备、红外热像仪(一个或多个波段)、激光测距/目标指示系统、稳定/伺服平台、图像信号处理器、显示控制与存储系统、时统终端设备等部分组成。其中,电视、微光夜视设备、红外热像仪用于目标成像探测;激光测距/目标指示系统用于目标测距和模拟激光目标指示信号;稳定/伺服平台一般为速率陀螺稳定的两轴框架结构形式,带动作为负载的成像探测设备进行搜索、跟踪,同时对图像和视轴指向进行稳定;图像信号处理器用于图像预处理,从图像中检测、识别目标,解算跟踪误差并提供给稳定/伺服平台,以实现对目标的搜索、跟踪;显示控制与存储系统一般包括操控台、工控机、操控手柄、显示器、视频图像记录设备、系统软件和应用软件等,主要用于设置系统工作参数,监控工作状态,采集、记录、处理、显示各种试验数据,对外信息交换等。

对综合光电吊舱的主要功能要求包括:提供电视、微光、红外视频图像,可对图像和视轴指向进行稳定,具有昼夜观察功能;具有目标搜索和跟踪、激光测距功能;具有工作参数、工作状态、视频图像、跟踪误差、测距结果等各种试验数据的录取、处理、显示功能等。

对机载光电探测模拟设备一般需要考虑的主要性能指标包括：

（1）系统性能：搜索跟踪范围、跟踪角速度、跟踪角加速度、跟踪精度、稳定精度、录取数据、外形尺寸、重量、功耗、供电要求等。

（2）电视：光谱响应范围、视场、灵敏度、动态范围、灰度等级、作用距离（如发现距离、识别距离、跟踪距离等）、空间分辨率或像元数、帧频、视频体制等。

（3）微光夜视设备：视场、灵敏度、动态范围、视距（如发现距离、识别距离等）、极限分辨力、非线性失真或几何畸变、惰性等。

（4）红外热像仪：工作波段、视场、噪声等效温差（NETD）、作用距离（如发现距离、识别距离、跟踪距离等）、空间分辨率或像元数、帧频等。

（5）激光测距/目标指示系统：工作波长（通常为 $1.06\mu m$）、脉冲能量（或峰值功率）、脉冲宽度、脉冲重复频率、光束发散角、编码方式、测距范围、测距精度等。

7.2 机载火控系统干扰效果试验

如上所述，为检验和评估电子对抗装备对机载火控系统的干扰效果，通常以目标探测设备（或其模拟设备）为配试干扰对象。根据试验时目标探测设备装载平台的不同，机载火控系统干扰效果试验方法分为挂飞法、地面模拟法两种。

7.2.1 挂飞法

挂飞法是将配试的目标探测设备搭载在飞行平台上，在平台飞行过程中，目标探测设备按作战应用方式探测目标，期间利用被试电子对抗装备按照战术使用要求对目标探测设备实施干扰，最后根据目标探测设备工作状态和测量输出数据的变化情况评估被试装备对目标探测设备的干扰效果。

通过挂飞法，特别是在飞行平台速度与被模拟机载火控系统飞行速度相当时，可以逼真模拟实战中机载火控系统对目标的逼近飞行和动态探测过程，进而可在近似实战的动态对抗态势下，准确反映机载火控系统目标探测设备在电子干扰条件下产生的实际效应。

这里以地面激光压制干扰设备对机载火控系统光电探测设备干扰效果的试验为例介绍挂飞法。典型试验布局如图 7.16 所示。试验系统中，除被试地面激光压制干扰设备以外，其他参试设备、设施主要有：①光电探测设备，作为被干扰对象；②飞行平台，用于搭载光电探测设备，可用直升机、运输机、战斗机、无人驾驶飞艇、无人机等；③被保护目标，用于模拟机载火控系统要攻击的目标，也即被试设备要保护的对象,这里采用地面目标;④真值测量设备,用于测量飞行平台航迹,可用机载 GPS 测量设备、跟踪测量雷达或光电经纬仪等;⑤时统设备,用于试验系统的时间统一。

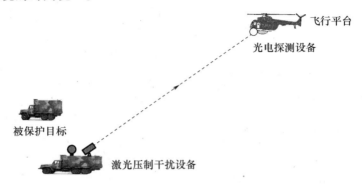

图 7.16　挂飞法检验机载火控系统激光压制干扰效果试验布局

主要试验步骤如下:

(1) 根据被试设备战术使用要求,在试验阵地上布设被试设备、被保护目标;

(2) 将光电探测设备搭载在飞行平台上,平台按设定航线、速度向被保护目标方向飞行,利用真值测量设备全程测量平台航迹;

(3) 在平台飞行过程中,利用光电探测设备按作战应用方式对目标区域进行观察,或对目标进行搜索、识别、捕获、跟踪和测量;

(4) 被试设备按照战术使用要求瞄准飞行平台方向发射激光,对光电探测设备实施干扰;

(5) 观察并全程录取光电探测设备工作状态的变化情况及各种测量输出数据;

(6) 根据需要,重复进行上述试验过程。

7.2.2　地面模拟法

在没有挂飞试验条件时,可采用地面模拟法。地面模拟法是将配试的目标探测设备固定于地面或安装于地面设施上,通过适当布局被试装备、目标探测设备以及合作目标,模拟构建被试装备与机载火控系统之间的对抗态势(有时为便于试验,可将目标探测设备安装在有一定高度的试验支架或塔台上),然后启动目标探测设备工作,使其对要攻击的目标进行探测,期间被试装备按照战术使用要求对目标探测设备实施干扰,最后根据目标探测设备工作状态的变化情况评估静态条件下被试装备对目标探测设备的干扰效果。

地面模拟法利用静态的目标探测设备作为配试干扰对象,试验费用和安全风险显著降低。然而,地面模拟法并不能模拟飞行过程中机载火控系统对目标的动态探测过程,所以难以全面、准确反映动态条件下电子干扰对机载火控系统产生的实际效应。

7.3　机载火控系统干扰效果评估

机载火控系统干扰效果主要体现在对目标探测设备性能的影响上,因此机载火控系统干扰效果评估就是对机载火控雷达和机载光电探测设备干扰效果的评估。

7.3.1　机载火控雷达干扰效果评估

即便都是对机载火控雷达进行干扰,不同干扰手段的干扰机理和干扰效果一般也并不相同,适用的干扰效果评估准则也就不同。本节基于雷达对抗试验评估领域常用的干扰效果评估准则,介绍几种可用于评估各类雷达干扰手段对机载火控雷达干扰效果的准则。

1. 功率准则

功率准则也称干信比准则、能量准则,一般适用于评估压制干扰效果。对机载火控雷达实施压制干扰,直接效果是降低雷达对目标的检测概率 P_d,即雷达完成一次扫掠后对目标的发现概率。现代雷达检测普遍采用奈曼——皮尔逊(Neyman – Pearson)准则,在保持虚警概率 P_{fa} 一定的条件下,P_d 是信噪比 S/N 的单调函数(S 和 N 分别为雷达接收端的目标回波信号功率和噪声信号功率),即信噪比越低,P_d 越小。对雷达实施压制干扰,是用噪声干扰信号压制目标回波信号,从而降低雷达检测目标时的信噪比,进而导致 P_d 降低。

功率准则基于所谓压制系数评估干扰效果。压制系数 K_j 一般定义为,对雷达实施干扰,使其在搜索状态下检测概率 P_d 降低到 10% 以下时,雷达接收机的输入端或线性输出端所需的最小干扰信号功率与目标回波信号功率之比(最小干信比),即:

$$K_j = \frac{P_j}{P_s} \Big|_{P_d = 0.1} \tag{7.1}$$

式中:P_j、P_s 分别为雷达接收机输入端或线性输出端的干扰信号功率和目标回波信号功率。压制系数是干扰信号调制样式和调制参数、雷达接收机响应特性、雷达信号处理方式等诸多因素的复杂函数。压制系数越小,说明干扰越容易;反之,压制系数越大,说明干扰越困难。

目前多数将 $P_d \leqslant 0.1$ 作为压制干扰有效的标准，因此功率准则按以下标准判定干扰效果：

(1) 当 $P_j/P_s < K_j$ 时，干扰无效；

(2) 当 $P_j/P_s \geqslant K_j$ 时，干扰有效。

2. 最小干扰距离准则

最小干扰距离准则也适用于评估压制干扰效果。最小干扰距离 $R_{j\min}$ 通常是指进行自卫干扰时(干扰机配置在被保护目标上)，使雷达不能发现被保护目标时干扰机(目标)与雷达之间的最小距离。在距离 $R_{j\min}$ 处，进入雷达接收端的干信比 P_j/P_s 正好等于压制系数 K_j，干扰机刚能压制住雷达，使其不能发现目标。当雷达与目标的距离 $R_t > R_{j\min}$ 时，$P_j/P_s > K_j$，干扰信号可以压制住目标回波信号，雷达不能发现目标，称为有效干扰区。当 $R_t < R_{j\min}$ 时，$P_j/P_s < K_j$，干扰信号压制不了目标回波信号，雷达在干扰中仍能发现目标，称为暴露区。对于干扰机来说，$R_{j\min}$ 就是其最小有效干扰距离，称为暴露半径。对于雷达来说，$R_{j\min}$ 就是在干扰下能够发现目标的最大距离，称为雷达的自卫距离。

设未实施干扰时，雷达对被保护目标的最大发现距离为 $R_{\max}$，实施干扰后，雷达对被保护目标的最大发现距离减小为 $R_{j\min}$。$R_{j\min}$ 越小，雷达在干扰中能够及时发现目标的自卫距离越短，反映干扰对雷达探测性能的不利影响越大，干扰效果就越显著；反之，$R_{j\min}$ 越大，雷达的自卫距离越长，反映干扰对雷达探测性能的不利影响越小，干扰效果就越不明显。因此，最小干扰距离 $R_{j\min}$ 可从雷达在干扰下自卫距离长短的角度定量表征压制干扰效果。

根据雷达干扰机的战术使用要求，常常要规定针对特定雷达的最小干扰距离指标 $R_{j0\min}$。于是在应用中，可以根据干扰机实际的最小干扰距离 $R_{j\min}$ 是否达到指标规定要求来判定干扰效果，即：

(1) 当 $R_{j\min} > R_{j0\min}$ 时，干扰无效(或不满足要求)；

(2) 当 $R_{j\min} \leqslant R_{j0\min}$ 时，干扰有效(或满足要求)。

3. 最大作用距离下降有效度准则

最大作用距离下降有效度准则主要适用于压制干扰，它根据压制干扰造成雷达最大作用距离下降的程度，即所谓雷达最大作用距离下降有效度来评估干扰效果。设有无干扰时，雷达的最大作用距离分别为 $R_{j\max}$ 和 $R_{0\max}$，则定义雷达最大作用距离下降有效度为

$$\gamma = 1 - R_{j\max}/R_{0\max} \tag{7.2}$$

显然，γ 值越大，则实施干扰后雷达最大作用距离下降幅度越大，干扰效果就越显著；反之，γ 值越小，则实施干扰后雷达最大作用距离下降幅度越小，干扰效果就越不明显。因此，可以利用雷达最大作用距离下降有效度 γ 值定量表征

干扰效果。

根据雷达战术使用要求,通常可确定其最小允许作用距离,或完成任务必须达到的作用距离最小值 $R_{p\max}$,相应可得到允许的最大作用距离下降有效度阈值:

$$\gamma_p = 1 - R_{p\max}/R_{0\max} \tag{7.3}$$

于是可以根据雷达最大作用距离下降有效度相对于上述阈值的大小来判定干扰效果,即:

(1) 当 $\gamma \leqslant \gamma_p$(或 $R_{j\max} \geqslant R_{p\max}$)时,干扰无效;

(2) 当 $\gamma > \gamma_p$(或 $R_{j\max} < R_{p\max}$)时,干扰有效。

4. 有效干扰扇面准则

有效干扰扇面准则也适用于压制干扰。有效干扰扇面 $\Delta\theta_j$ 是指雷达受到压制干扰时,在要求的距离或最小干扰距离处,雷达显示器上干扰信号能有效压制目标信号的扇形区域或角度范围。在 $\Delta\theta_j$ 内,雷达完全不能发现目标。$\Delta\theta_j$ 与干扰功率 P_jG_j、压制系数 K_j、雷达功率 P_rG_r、目标反射面积 σ_t、雷达与目标距离 R_t、干扰机与雷达距离 R_j 等因素有关。

$\Delta\theta_j$ 越大,干扰机能掩护目标的范围越大,干扰效果就越显著;反之,$\Delta\theta_j$ 越小,干扰机能掩护目标的范围越小,干扰效果就越不明显。因此,有效干扰扇面 $\Delta\theta_j$ 可以用于定量表征对机载火控雷达的压制干扰效果,此即有效干扰扇面准则。

根据雷达干扰机的战术使用要求,常常要规定针对特定雷达的有效干扰扇面指标 $\Delta\theta_{j0}$。于是可以根据干扰机实际的有效干扰扇面是否达到指标规定要求来判定干扰效果,即:

(1) 当 $\Delta\theta_j < \Delta\theta_{j0}$ 时,干扰无效(或不满足要求);

(2) 当 $\Delta\theta_j \geqslant \Delta\theta_{j0}$ 时,干扰有效(或满足要求)。

5. 受欺骗概率准则

受欺骗概率准则适用于欺骗干扰,包括有源欺骗干扰和无源欺骗干扰。当机载火控雷达处于搜索状态时,欺骗干扰一般不影响雷达对目标的检测,其干扰效果主要表现为,通过产生多个假目标,使雷达处理系统工作量增加,从而影响雷达正常工作,甚至可能使处理系统饱和或过载,造成雷达瘫痪。当机载火控雷达处于跟踪状态时,欺骗干扰将妨碍雷达对真目标的跟踪,使雷达不能跟踪在真目标上,或参数测量(跟踪)出现误差或偏差。

受欺骗概率 P_f 是指在欺骗干扰作用下,雷达处理系统将假目标当作真目标的概率,也称为欺骗干扰有效概率或欺骗成功率。如果存在 n 个假目标,则只要有一个假目标被当作真目标,即发生受欺骗事件。如果将雷达对每个假目标的检测都作为独立事件,设其对第 i 个假目标的检测概率为 P_{fi},则存在 n 个假目标时雷达的受欺骗概率为

$$P_f = 1 - \prod_{i=1}^{n}(1 - P_{fi}) \tag{7.4}$$

实际应用中,假设干扰设备产生的总数为 N_t 的假目标中,有 N_f 个被误判为真目标,则可以根据下式估计受欺骗概率:

$$P_f = N_f/(N_t + 1) \tag{7.5}$$

P_f 越大,假目标越有可能被雷达当作真目标,或有更多的假目标被当作真目标,则干扰效果越显著;反之,P_f 越小,干扰效果越不明显。因此,受欺骗概率 P_f 可以用于定量表征欺骗干扰效果。在实际应用中,还可根据需要确定一定的受欺骗概率阈值 P_{f0},再按照实际受欺骗概率相对于受欺骗概率阈值的大小,确定干扰是否有效(或是否满足要求)。

6. 参数测量(跟踪)误差准则

参数测量(跟踪)误差准则一般适用于评估有源和无源欺骗干扰效果。如上所述,当机载火控雷达处于跟踪状态时,实施欺骗干扰将可能使雷达对相关参数(距离、角度、速度等)的测量(跟踪)出现误差或偏差。参数测量误差越大,则干扰效果越显著;参数测量误差越小,干扰效果就越不明显。因此,可以利用参数测量误差定量表征干扰效果。

雷达的参数测量误差通常为随机变量,可用统计特征量来表征。其中,测量误差本身常用雷达检测跟踪的参数值与目标真值之间偏差的平均值 δV_{av} 表征,测量误差的平均起伏常用相应方差 σ_V^2 表征。根据欺骗干扰的种类,δV_{av} 和 σ_V 可以具体分为距离测量误差 δR_{av} 及其方差 σ_R^2,角度测量误差 $\delta \alpha_{av}$、$\delta \beta_{av}$ 及其方差 σ_α^2、σ_β^2,速度测量误差 δv_{av} 及其方差 σ_v^2 等。这里,测量误差本身 δV_{av} 对机载火控雷达性能的影响更为重要。

在具体应用中,常将干扰有效定义为使雷达的参数测量误差达到规定值,再进一步根据干扰成功率的大小评估干扰效果。例如,对于拖引式距离欺骗干扰,定义有效拖引为将雷达原跟踪目标的距离波门拖引到规定值,干扰产生有效拖引的成功率为

$$\eta_p = n_{pe}/n_p \tag{7.6}$$

式中:n_p 和 n_{pe} 分别为总拖引次数和有效拖引次数。根据干扰成功率的大小,将拖引式距离欺骗干扰效果划分为以下若干等级:

(1)当 $0.8 \leqslant \eta_p < 0.85$ 时,为一级干扰;

(2)当 $0.85 \leqslant \eta_p < 0.9$ 时,为二级干扰;

(3)当 $\eta_p \geqslant 0.9$ 时,为三级干扰。

再比如,对于角度欺骗干扰,常根据实施干扰后雷达角度跟踪偏差 $\delta\alpha$ 相对于干扰设备战术技术指标要求值 $\delta\alpha_0$ 的大小判定干扰效果,即:

(1)当 $\delta\alpha < \delta\alpha_0$ 时,干扰无效(或不满足要求);

(2)当 $\delta\alpha \geq \delta\alpha_0$ 时,干扰有效(或满足要求)。

除上述评估准则外,对于有源干扰,还可以根据实施干扰后,雷达能否正确建立目标航迹来判定干扰效果,即当实施干扰后,如果在雷达显示器上建立不起目标航迹、航迹中断或所建航迹错误时,干扰有效,否则干扰无效。

7.3.2　机载光电探测设备干扰效果评估

如 7.1.3 节所述,用于机载火控系统的光电探测设备可分为光电成像探测设备和光电非成像探测设备两类。其中,光电成像探测设备根据用途不同又可分为观察用光电成像探测设备和光电搜索跟踪系统两类,而光电非成像探测设备主要是激光测距机。由于各类设备的工作体制、用途和使用方式不同,相应的干扰效果评估方法也不同,以下分别阐述。

1. 观察用光电成像探测设备

观察用光电成像探测设备主要用于提供战场环境中目标及其背景的图像,由飞行员通过观察图像鉴别威胁目标,获得目标的方位、形状、种类、型号、要害部位等信息。对观察用光电成像探测设备实施干扰的目的主要是,通过干扰正常成像、破坏成像功能,或遮蔽、掩盖目标,或伪装、隐蔽目标,影响观察者通过光电成像探测设备对目标的观察鉴别效果。对观察用光电成像探测设备的主要干扰手段包括激光压制干扰、烟幕干扰、伪装隐身等,由于各种手段的干扰机理和干扰效果不同,因此干扰效果评估准则也有所不同。

1)激光压制干扰

对于激光压制干扰,如 2.3 节所述,依激光强度不同,可以造成光电成像探测器件部分像元饱和、大量像元饱和、探测器件损伤、其他光学元件损伤等不同程度的干扰效果,通常表现为图像上出现亮点或小亮斑、图像上出现大面积亮斑、图像消失出现黑屏等现象。这些干扰现象无疑会对观察产生不同程度的影响,最终影响到对敏感目标的鉴别。

为此,依据实施干扰后,对图像质量、成像功能的影响程度,一般可将强激光对观察用光电成像探测设备的干扰效果由弱到强划分为以下四个等级:

① 无像元饱和,为零级干扰,或干扰无效;

② 有少量像元饱和,表现为图像上出现亮点或小面积亮斑,为一级干扰;

③ 有大量像元饱和,表现为图像上出现大面积亮斑,停止干扰后一段时间内暂时失效而不能成像(即致眩),之后成像功能可以恢复或部分恢复,为二级

干扰；

④ 因探测器件、光学元件等部件受损伤,导致设备永久丧失成像功能(即致盲),一般表现为干扰中图像突然消失,停止干扰后成像功能不可恢复,为三级干扰。

2)烟幕干扰和伪装隐身

烟幕干扰是通过施放烟幕,掩盖、遮蔽目标,使观察者通过光电成像探测设备看不清或看不到目标以达到干扰目的。伪装隐身技术则是通过改变目标或其背景的辐射或反射特征,使观察者通过光电成像探测设备难以从背景中准确鉴别目标。可见,与激光压制干扰不同,烟幕干扰和伪装隐身都是非破坏性的,不对成像功能造成干扰损伤,只会影响观察者通过光电成像探测设备对目标的观察效果,进而影响到对目标的准确鉴别,其干扰程度较之激光压制干扰要轻。从图像上看,不同干扰效果的差别往往也不十分显著,单纯依靠目视观察图像有时很难精确判别干扰效果。对同一幅图像,不同的观察者可能会有不同的判断结果,容易引入主观因素。因此,对干扰效果的定量、客观评估就显得十分必要。

(1)目标鉴别能力准则。

无论是烟幕干扰,还是伪装隐身,都可能使观察者通过光电成像探测设备对目标的鉴别能力下降,于是可以根据干扰前后光电成像探测设备目标鉴别能力的变化情况评估干扰效果。显然,为了定量、客观评估干扰效果,首先需要定量、客观描述和衡量光电成像探测设备的目标鉴别能力。

在目标探测与鉴别研究领域中,通常将观察者通过成像系统对目标的鉴别(Discrimination)分为发现、识别和认清三个不同等级或层次。发现(Detection)是指根据目标与背景之间的对比度,探测出感兴趣的目标。识别(Recognition)是指根据目标轮廓,能产生目标尺寸比例的概念,可区分目标所属的类别,如人员、车辆、飞机或舰船等。认清(Identification)是指根据目标的局部细节,能确定目标种属,可区分目标的型号及特征。

成像系统目标鉴别能力的三个等级可以利用约翰逊(Johnson)准则定量确定。约翰逊准则给出了成像系统的分辨本领与目标鉴别能力之间的定量关系。

分辨本领是评价成像系统分辨景物细节能力的指标,是决定成像质量的关键指标。分辨本领越高,则通过成像系统鉴别目标的等级就越高。分辨本领的定量测量一般采用标准条纹图案方法,即利用等间隔、黑白相间的标准条纹图案作为测试靶标,放在距被试成像系统一定距离处,观察者通过成像系统观察靶标。逐渐减小靶标条纹宽度,直至观察者无法辨认出条纹图案的黑白差异。这时,条纹图案的空间频率即为测试条件下成像系统的分辨本领。

基于对大量实验结果的统计分析处理,约翰逊准则给出了以一定概率发现、识别、认清目标分别需要的最低分辨本领。例如,对于前视红外热像仪,以 50% 的概率发现、识别、认清目标需要的最低分辨本领之比为 1 : 4 : 8。于是,根据约翰逊准则,由成像系统的分辨本领就可以确定其目标鉴别能力和鉴别等级。

需要特别说明的是,一般情况下,观察者通过成像系统对目标的鉴别不可能达到百分之百,总是存在一定的鉴别概率,如发现概率、识别概率等。因此,所谓对目标的鉴别达到某一等级,是指在一定概率条件下可以鉴别目标。例如,在约翰逊准则中,一般规定与各鉴别等级相应的鉴别概率为 50%。在实际应用中,也可根据需要,规定鉴别概率为其他值,如 80%。另外,成像系统与目标之间的距离会影响鉴别能力。对于同一成像系统,针对同一规定目标,当距离增大时,系统对目标的鉴别等级将可能下降,例如,由认清目标变为只能识别或发现目标,或虽然鉴别等级不变,但相应的鉴别概率下降。因此,在评价成像系统的目标鉴别能力时,必须明确相应的目标距离和鉴别概率。

既然可以利用约翰逊准则定量确定成像系统的目标鉴别等级,就可以根据实施干扰前后光电成像探测设备目标鉴别等级的变化情况来定量评估烟幕、伪装隐身对光电成像探测设备的干扰效果,此即目标鉴别等级准则或目标鉴别能力准则。在一定的鉴别概率下,且光电成像探测设备与规定目标之间的距离一定,如果在实施干扰前,观察者通过光电成像探测设备能以一定概率认清目标,则根据实施干扰条件下能够达到的目标鉴别等级,可将烟幕、伪装隐身对光电成像探测设备的干扰效果由弱到强划分为以下四个等级:

① 图像无明显变化,或虽然图像对比度(或信噪比)下降,但在规定试验条件下仍然能够认清目标,为零级干扰,或干扰无效;

② 不能认清目标,但可以识别目标,为一级干扰;

③ 不能识别目标,但可以发现目标,为二级干扰;

④ 不能发现目标,为三级干扰。

(2)图像相关函数准则。

图像相关函数(Correlation Function, CF)是图像处理领域中表征图像之间信息相似程度或相关性、匹配度的一种指标,两幅数字图像之间的归一化相关函数定义为

$$ C = \frac{\sum_{i=1}^{m} \sum_{j=1}^{n} f_{ij} \cdot g_{ij}}{\sqrt{\left(\sum_{i=1}^{m} \sum_{j=1}^{n} f_{ij}^{2} \right) \cdot \left(\sum_{i=1}^{m} \sum_{j=1}^{n} g_{ij}^{2} \right)}} \tag{7.7} $$

式中:f_{ij} 和 g_{ij} 分别为两幅数字图像中第 i 行、第 j 列像元的灰度值($i = 1, 2, \cdots, m, j = 1, 2, \cdots, n$,$m$ 和 n 分别为图像像元的行数和列数)。容易证明,在任何情

况下均有 $0 \leqslant C \leqslant 1$。

对于同一光电成像探测设备,如果两幅图像完全相同,按式(7.7),有 $C = 1$ 为最大值。当对光电成像探测设备实施烟幕或伪装隐身干扰时,通常会改变目标或其背景的某些光电特征,导致干扰前后图像出现差别,这时必有 $C < 1$。干扰效果越显著,干扰前后图像之间信息差别越大,则反映图像之间信息相似程度的 C 值就越小。当 $C = 0$ 时,两幅图像之间的相似性最低,或称完全不相关。可见,C 值的大小反映干扰前后光电成像探测设备输出图像之间相似性或相关性的大小,进而定量反映了干扰对图像的影响即干扰效果,从而可用于定量表征和评估烟幕、伪装隐身干扰效果,相应的干扰效果评估准则即为图像相关函数准则。

当实施干扰前后两幅图像之间的相关函数 C 值低到一定程度时,就会影响到观察者通过光电成像探测设备对目标的观察鉴别。于是,可以按照 C 值的大小将烟幕、伪装隐身对光电成像探测设备的干扰效果由弱到强划分为以下四个等级:

① 当 $C_{i0} \leqslant C \leqslant 1$ 时,为零级干扰,或干扰无效;

② 当 $C_{r0} \leqslant C < C_{i0}$ 时,为一级干扰;

③ 当 $C_{d0} \leqslant C < C_{r0}$ 时,为二级干扰;

④ 当 $0 \leqslant C < C_{d0}$ 时,为三级干扰。

这里,$C_{d0} < C_{r0} < C_{i0}$、C_{d0}、C_{r0}、C_{i0} 分别是用于界定干扰是否影响发现、识别、认清目标的归一化相关函数阈值,因不同光电成像探测设备而异,需要事先对具体配试设备测定。

根据式(7.7)的定义,选取的图像场景范围会影响到 C 值的计算结果。因此,在利用图像相关函数准则评估干扰效果时,需要明确一定的场景范围,在同样的或相近的场景范围内分析比较不同的干扰效果。

(3)图像差分准则。

在图像处理领域,常用图像差分表征图像之间信息的差别或失配度。图像差分的指标有最大绝对差分、平均绝对差分、方差积分等,这里仅讨论平均绝对差分(Mean Absolute Difference, MAD)。两幅数字图像之间的平均绝对差分定义为

$$D_M = \frac{1}{mn} \sum_{i=1}^{m} \sum_{j=1}^{n} |f_{ij} - g_{ij}| \tag{7.8}$$

D_M 值越大,说明两幅图像 f_{ij} 和 g_{ij} 之间信息的差别越大,即失配度越大;反之,D_M 值越小,则说明两幅图像之间信息的差别越小,即失配度越小。

对于同一光电成像探测设备,如果先后两幅图像完全相同,按式(7.8),D_M

值等于零,为最小值。当对光电成像探测设备实施烟幕或伪装隐身干扰时,由于会改变图像信息,必然使干扰前后图像之间的 D_M 值大于零。一般来讲,干扰效果越显著,干扰前后图像差别就越大,则反映图像信息差别大小的 D_M 值也就越大。这样,D_M 值可从干扰前后图像信息差异大小的角度反映干扰的影响,从而可用于定量表征和评估干扰效果,此即图像差分准则。

当干扰前后图像之间的差别达到一定程度时,就会影响对目标的观察鉴别。于是,与图像相关函数准则类似,也可以按照 D_M 值的大小,将干扰效果划分为若干等级。但是与相关函数 C 值的取值范围有限不同,原则上平均绝对差分 D_M 的取值向上不受限制。

与图像相关函数准则的应用一样,在利用图像差分准则评估干扰效果时,也需要明确一定的场景范围,在相同的或相近的场景范围内分析比较不同的干扰效果。

(4)图像熵准则。

在图像处理领域中,熵是一种用来表征图像平均信息量多少的指标,通常定义为

$$E = -\sum_{i=0}^{2^b-1} p_i \log_2 p_i \tag{7.9}$$

式中:i 为像元灰度值;p_i 为图像中灰度值为 i 的像元的分布概率;b 为量化位数。显然 $E \geq 0$。对于完全均匀场景,图像中全部像元灰度值相同,相应分布概率为 1,则熵值取零,为最小值。如果图像中像元只有两种灰度值,且两种灰度像元数量相等,则熵值为 1。一般而言,图像中包含的平均信息量越大,则像元灰度层次越丰富,熵值也就越大。

对光电成像探测设备实施烟幕或伪装隐身干扰,要么是掩盖、遮蔽目标,要么是减小或淡化目标与背景之间光电特征的差别,都有可能改变图像中各灰度层次的分布概率,从而改变图像的平均信息量,引起图像熵值的变化(减小或增大)。这样,图像熵值的变化可从干扰前后图像平均信息量变化的角度反映干扰的影响程度。

定义实施干扰前后图像熵的变化量为

$$d_E = |E_j - E_0| \tag{7.10}$$

式中:E_0、E_j 分别为实施干扰前后同一场景的图像熵。d_E 值越大,即实施干扰条件下图像熵相对于干扰前的变化越大,说明干扰对图像平均信息量的影响越大,则干扰效果越显著;反之,d_E 值越小,即实施干扰条件下图像熵相对于干扰前的变化越小,说明干扰对图像平均信息量的影响越小,则干扰效果越不明显。因此,实施干扰前后图像熵的变化量 d_E 值与干扰效果的显著程度是正相关的,可

用于定量表征和评估干扰效果。

需要特别指出的是,实施干扰后图像熵的变化方向(减小或增大)是由具体的干扰机理决定的。如果干扰使得图像像元灰度层次减少,则图像熵减小;如果干扰使得像元灰度层次增加,则图像熵增加。对于伪装隐身,干扰机理主要是减小或淡化目标与背景之间光电特征的差别,使目标融合、隐没在背景之中,一般而言会导致图像像元灰度层次减少,使图像熵下降。对于某些种类烟幕,干扰可能使得图像中像元灰度层次更加丰富,从而导致熵值增大而非减小。因此,图像熵准则在应用中的具体形式要根据实际干扰机理而定。

在应用上述目标鉴别能力准则、图像相关函数准则、图像差分准则、图像熵准则时,通常需要在同样的成像场景条件下,根据实施干扰过程中光电成像探测设备所获图像信息的变化,定量分析目标鉴别等级、图像相关函数、图像差分、图像熵等性能或指标的变化,为此,一般需要采用静态的地面模拟法进行烟幕、伪装隐身干扰设备对观察用光电成像探测设备干扰效果的试验,以保证实施干扰过程中光电成像探测设备的成像场景不变。

2. 光电搜索跟踪系统

对光电搜索跟踪系统的干扰是通过对其光电摄像头的干扰而实现的。如7.1.3 节第 6 部分所述,光电搜索跟踪系统的工作过程包括搜索阶段和跟踪阶段。对光电摄像头的干扰无疑会影响系统在搜索、跟踪两个阶段的性能。在评估光电搜索跟踪系统干扰效果时,需要区分不同阶段,分别针对干扰对系统搜索性能和跟踪性能的影响评估干扰效果。

1)搜索阶段

在搜索阶段,光电搜索跟踪系统在较大的范围内以较快的速度进行扫描探测,对于定向性的干扰手段,如激光压制干扰,干扰信号进入系统视场内的概率及相应的驻留时间都很小,产生有效干扰的可能性较小,所以一般不用考虑。而烟幕、伪装隐身等干扰手段,通过遮蔽、隐藏或伪装目标,往往容易对光电搜索跟踪系统探测、发现目标产生干扰作用,使系统对目标的发现概率下降。为此,在光电搜索跟踪系统的搜索阶段,可以根据实施干扰前后系统发现概率的变化情况,评估烟幕、伪装隐身等干扰手段的干扰效果。

设实施干扰前后,光电搜索跟踪系统的目标发现概率分别为 P_{d0} 和 P_{dj},则定义因干扰导致的目标发现概率下降比为

$$r_d = P_{dj}/P_{d0} \tag{7.11}$$

显然,$0 \leqslant r_d \leqslant 1$。$r_d$ 值越大,则干扰前后系统对目标的发现概率相差越小,干扰效果越不明显;反之,r_d 值越小,则干扰效果越显著。因此,发现概率下降比 r_d 值反映了干扰效果的大小,可用于定量评估搜索阶段烟幕、伪装隐身对光电搜索跟踪

系统的干扰效果。

根据干扰效果分级评估需要,还可进一步按照目标发现概率下降比 r_d 值的大小,将搜索阶段对光电搜索跟踪系统的干扰效果由弱到强划分为以下四个等级:

① 当 $0.8 \leqslant r_d \leqslant 1$ 时,为零级干扰,或干扰无效;

② 当 $0.5 \leqslant r_d < 0.8$ 时,为一级干扰;

③ 当 $0.1 \leqslant r_d < 0.5$ 时,为二级干扰;

④ 当 $0 \leqslant r_d < 0.1$ 时,为三级干扰。

2）跟踪阶段

从跟踪原理及相应干扰机理讲,光电搜索跟踪系统与光电成像导引头相似,所以,在评估光电搜索跟踪系统在跟踪阶段的干扰效果时,可以借鉴导引头干扰效果的评估方法。

无干扰时,光电搜索跟踪系统在经过搜索阶段捕获目标后,会稳定跟踪目标,其输出跟踪误差在零值附近小幅随机波动。在施加了有效干扰后,一般情况下,光电搜索跟踪系统会跟踪失稳,直至丢失目标,进入搜索状态,同时停止输出跟踪误差。如果采用的是具有损伤、破坏效应的干扰手段,如激光压制干扰,则除了会使系统丢失目标、停止输出跟踪误差以外,严重时可能导致系统暂时或永久失去搜索、跟踪能力,停止输出所有数据。

因此,在跟踪阶段,一般可以按照以下准则判定单次试验干扰效果:

① 当系统仍然稳定跟踪指定目标,正常输出跟踪误差时,干扰无效;

② 当系统跟踪失稳直至丢失目标,进入搜索状态,停止输出跟踪误差,或暂时或永久失去搜索、跟踪能力,停止输出所有数据时,干扰有效。

鉴于试验结果的随机性,为了获得可靠的评估结果,一般需要在相同条件下重复进行足够多次干扰试验,然后根据试验结果统计得到相应干扰成功率。还可以根据干扰成功率的大小,将干扰效果划分为若干等级,具体方法可参考 5.4.2 节。

3. 激光测距机

1）干扰机理分析

针对激光测距机的干扰手段主要是高重频激光干扰和激光压制干扰,此外,利用可覆盖激光测距机工作波长的烟幕也可以干扰激光测距机。

对于激光测距机,高重频激光干扰是一种距离欺骗干扰方式,是利用重复频率足够高的激光干扰脉冲,在测距机距离选通波门限定的时间内,先于目标反射的激光测距回波信号进入测距机接收系统,导致测距机将干扰脉冲误判为目标回波信号,从而使测距结果小于实际距离。在实际应用中,当激光测距机对目标

177

连续测距时,由于高重频激光脉冲信号进入测距机接收系统的时机是随机的,最有可能的效果是测距机的测距结果随机变化,没有确定数值。

激光压制干扰则不然,其激光能量(或功率)一般要高得多,对激光测距机的干扰往往是破坏性的,主要是通过对激光接收系统中探测系统的干扰、饱和或损伤,轻则导致测距误差增大、测距精度下降,或使测距机无法处理输出有效测距数据,重则会使测距机损伤或丧失测距功能,干扰程度较之高重频激光干扰手段为重。强激光对激光测距机探测系统的饱和、损伤机理不难理解,下面主要分析其对测距机测距精度的干扰机理。

首先分析正常情况下测距机测距误差的来源。根据7.1.3节第5部分所述激光测距方程 $R = ct/2 = cN/2f$,光速和激光脉冲在测距机与目标之间往返传播时间测量的不准确都有可能带来测距误差。其中,因激光脉冲实际传播速度与真空光速的偏差带来的测距误差称为大气折射误差,由环境条件决定,可根据测量时的大气参数加以修正,修正精度一般可以达到厘米量级或更高。引起激光脉冲往返传播时间测量误差的因素可能是时标振荡器频率 f 的不稳定、不准确或计数器计时的起讫点误差。这里特别分析一下计时起讫点误差的来源及影响。

根据脉冲激光测距机的工作原理,测距机分别利用主波取样脉冲和回波脉冲触发门控电路的开关来控制计数器计数开始和停止,进而测量出激光脉冲往返传播时间。然而,测距机发射的激光脉冲是有一定幅度和宽度的。一般来讲,主波取样脉冲的幅度、宽度和形状不会有明显变化。但是,因大气传输、目标特性等因素的影响,可能会使回波脉冲的幅度、宽度乃至形状发生变化,而且这种变化往往是随机不可控制的。由于测距机计数门控电路的关闭是由回波脉冲前沿来触发的,回波脉冲幅度、宽度、形状的变化很可能导致触发点时间的变化。由此可见,计数器计时起讫点误差主要来源于激光脉冲的变化。

传统上,脉冲激光测距机多采用恒定阈值触发方式触发计数门控开关电路,即以激光脉冲前沿达到给定阈值的点作为触发点,激光脉冲的幅度发生变化就可能引起触发点时间的明显变化,可造成几十厘米的测距误差。为了提高测距精度,后来常采用恒比定时触发方式,即以激光脉冲前沿上高度与脉冲峰值成恒定比例的点作为触发点。恒比定时触发方式虽然较好地解决了触发点时间随脉冲幅度而变化的问题,但触发点时间还与脉冲宽度的变化有关,由此带来的测距误差为厘米量级。可见,采用恒比定时触发方式也并不能完全排除由激光脉冲变化带来的测距误差。因此,在正常情况下,仍然存在着因激光脉冲变化引起计数器计时起讫点误差带来的测距误差,这是测距机测距误差的主要来源之一。

当外来干扰激光进入测距机的接收系统后,对于测距机本身的主波取样脉冲和回波脉冲而言,干扰激光相当于叠加在有用信号上的噪声信号,经接收系统接收、光电转换和放大后,不仅导致输出噪声增大而信噪比下降,还可能使激光脉冲形状发生变化。噪声增大到一定程度时,将可能导致两种后果:一是使接收系统的放大电路产生外激振荡从而工作不稳定,二是使计数门控开关电路误触发,两种后果的最终表现就是测距机不能输出有效测距数据、误测距或不能工作。而因干扰激光使得激光脉冲形状发生变化时,则直接导致测距误差增大。这是激光压制干扰导致测距误差增大、测距精度下降的主要根源。

最后补充说明一下烟幕对激光测距机的干扰机理。烟幕主要是通过对激光发射信号和回波信号的吸收衰减,可能使测距机接收系统接收不到足够多的回波能量,探测信号幅度达不到计数门控电路触发阈值,导致测不到目标。还有可能因为烟幕对激光发射信号的反射,使得测距机接收系统计数门控电路提前关门,导致测量结果小于目标实际距离。

2）干扰效果评估准则

为判别激光测距机干扰效果,首先需要确定无干扰时测距机正常测距精度允许的测距误差范围。测距误差指的是测距机所测得的目标距离与目标距离真值之间的偏差。由于来自测距机内部和外界的各种随机因素,导致在相同条件下对同一目标重复测距时,测距误差各不相同,呈随机分布。因此,测距机的测距误差是一个随机变量。测距机的测距精度用于评价测距误差的大小,一般用测距误差分布的标准差 σ_0 表征。对于静态目标,设目标距离真值为 d_0,测量值为 $d_i (i = 1, 2, \cdots, n, n$ 为有效测距次数),则测距精度为

$$\sigma_0 = \sqrt{\frac{1}{n-1} \sum_{i=1}^{n} (\delta d_i)^2} = \sqrt{\frac{1}{n-1} \sum_{i=1}^{n} (d_i - d_0)^2} \tag{7.12}$$

式中:$\delta d_i = d_i - d_0$ 为第 i 次测量的测距误差。对于动态目标,可根据一段或多段连续等间隔的有效测量数据,利用变量差分法或最小二乘拟合残差法等方法进行处理,得到测距精度。

正常情况下,测距机的测距误差绝大多数在 $\pm 3\sigma_0$ 范围内,所以一般将测距误差超出 $\pm 3\sigma_0$ 的测量结果作为异常值剔除,即正常测距精度允许的测距误差范围为 $\pm 3\sigma_0$。在实际使用中,即便是在没有外界人为干扰的正常情况下,由于一些非理想因素或不可避免的固有缺陷,测距机的测量结果仍然存在一定的错数、漏数或虚警概率。错数(Wrong Data)是指测距误差超出测距精度允许范围的测量结果,漏数(Missing Data)是指测距操作后测距机显示的一种非目标距离的固定信息,虚警则是指空测时(测程内无目标),测距机仍有距离显示的情况。由于有错数、漏数及虚警等情况存在,几乎所有测距机都存在准测率的问题。准测率是指测距机正确测距的概率,由正确测距次数占总测距次数之百分比得到。

这里所谓的正确测距定义为,测距误差满足规定指标要求的测量结果,或测距误差不超出测距机固有测距精度的测量结果。所有的测距机不可能做到每次都正确测距,因此都有一定的准测率。例如,自然冷却的固体脉冲激光测距机对静态目标的准测率一般可达到98%以上,强迫冷却的固体激光测距机的准测率可达到95%,CO_2激光测距机的准则率一般不低于98%。

根据前述激光测距机干扰机理,对测距机实施有效干扰后,轻则使测距误差增大、不能输出有效测距数据,重则导致丧失测距功能,于是,可以根据干扰对测距误差、测距功能的影响程度,按以下标准确定单次干扰试验中被试装备对激光测距机的干扰效果:

① 当测距误差不超出 $\pm 3\sigma_0$ 时,干扰无效;

② 当测距误差超出 $\pm 3\sigma_0$,或不能输出有效测距数据,或丧失测距功能时,干扰有效。

对于相同条件下的多次干扰试验结果,按照上述准则统计得到干扰成功率,再根据干扰成功率的大小评估被试装备对激光测距机的干扰效果。

第8章　末敏弹及其对抗试验与评估

如第1章所述,除导弹以外,精确制导弹药也是一类重要的精确制导武器。精确制导弹药与导弹的主要差别在于弹药自身没有动力装置,需要借助炮弹、导弹、飞机等装备或平台发射、投掷到目标区附近,再在精确制导系统的导引、控制下命中目标。精确制导弹药的典型代表是末敏弹(或称末敏弹药),主要用于对集群装甲目标实施精确打击,作战效能巨大。鉴于末敏弹已成为一种威胁性很大的进攻武器,对末敏弹的对抗和防护也变得越来越重要。相比导弹干扰效果试验评估,末敏弹对抗试验评估具有不同的特点,如何进行末敏弹对抗试验评估是电子对抗试验鉴定领域中还需要进一步深入探讨研究的课题。

8.1　末敏弹

末敏弹是末端敏感弹药(Terminal Sensing Ammunition)的简称,是精确制导弹药的典型代表,特别适合用于对集群装甲目标实施精确打击,作战效能巨大。根据有关试验数据,如果使用普通炮弹对纵深的集群装甲目标射击,击中一个目标平均需要1500发炮弹,即使使用普通的子母弹也需要120发;而如果使用炮射末敏弹,击中一个目标平均只需要4~6发即可。可见,末敏弹是一种效费比很高的弹药。目前,美国、德国、法国、瑞典和俄罗斯等国拥有数十万枚装备量的末敏弹,其中,美国在2003年对伊拉克战争中曾使用Skeet航空布撒末敏弹和SADARM末敏弹攻击装甲部队,取得了很好的实际作战效果。

末敏弹是一种子母弹,其核心是智能化的末敏子弹。末敏弹可用火炮、火箭炮、导弹发射系统、飞机等多种平台发射,载体可以是炮弹、火箭弹、导弹、航空炸弹、航空布撒器等。末敏弹母弹一般由弹体、时间引信、抛射机构、末敏子弹等部分组成,如图8.1(a)所示,发射后可以在空中预定位置释放携带的末敏子弹。末敏子弹一般由减速减旋与稳态扫描系统、敏感器系统、中央控制器、电源、安全起爆装置、爆炸成形侵彻体(Explosively Formed Penetrator,EFP)战斗部和子弹结构件等部分组成,如图8.1(b)所示。

末敏子弹的减速减旋与稳态扫描系统通常由充气式减速器、减旋翼、旋转伞

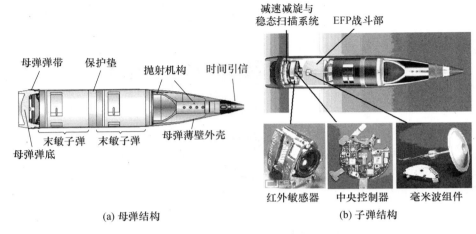

(a) 母弹结构　　　　　(b) 子弹结构

图 8.1　末敏弹一般组成结构

或涡旋翼组成,其功能是使子弹经减速减旋后,在预定高度打开旋转伞,匀速下降并旋转,达到稳态扫描状态。由于悬挂点偏置,子弹的弹轴与铅垂方向成一定角度,这个角度称为子弹的扫描角,一般为30°左右。随着子弹匀速下降,弹轴延长线与地面交点的轨迹形成一条向内收缩的阿基米德螺线,其螺距称为扫描间距,一般小于典型目标尺寸的一半,以保证不会漏过目标。敏感器系统的功能是在地面复杂背景中探测和识别装甲目标。常用的敏感器有红外探测器、毫米波辐射计、毫米波雷达等。为提高探测性能,末敏子弹一般采用复合敏感器系统,将两种或两种以上敏感器结合起来使用。敏感器通常与弹轴(也是 EFP 战斗部的轴线)平行或同轴安装,所以敏感器探测到最强信号后即表明弹轴对准了目标,此时引爆 EFP 战斗部,形成沿弹轴高速飞行的穿甲弹丸攻击目标顶部装甲。中央控制器具有驱动控制、电源管理、数据采集、信号处理、火力决策等一系列重要功能。EFP 战斗部完成对目标的杀伤。末敏子弹装药爆炸后,药型罩被压垮变形,形成一个短粗而密实的穿甲弹丸,如图 8.2(a)所示,其速度可达2000m/s 左右。EFP 战斗部的特点是对炸高不敏感,可在 1000 倍装药口径的炸高上穿透0.8~1 倍装药口径厚度的装甲,即如果 EFP 战斗部弹径为 100mm,则可以在 100m 距离上穿透 80~100mm 厚的装甲。其装甲毁伤效果如图 8.2(b)所示。同时,弹丸在穿透装甲后能崩落大量碎片,足以杀伤人员、破坏装备,其穿甲后效大于破甲弹射流。

末敏弹的一般攻击过程如下:①母弹飞抵目标区上空后,在时间引信的控制下,启动抛射装置抛出末敏子弹;②末敏子弹抛出后,减速减旋装置开始工作,对子弹起减速、减旋、定向、稳向作用,同时热电池开始启动并对内部系统供电;

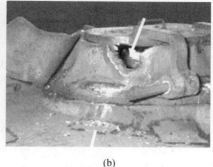

(a)　　　　　　　　　　　　　　　　　　(b)

图 8.2　EFP 弹丸及其装甲毁伤效果

③子弹在减速减旋装置的作用下下落到预定高度时,在中央控制器的控制下,子弹抛去减速减旋装置,拉出减旋伞,减旋伞在气动力的作用下展开,带动子弹匀速下降并旋转;④随后子弹进入稳态扫描状态,以向内收缩的阿基米德螺线方式扫描搜索区域内的目标,如图 8.3(a)所示;⑤子弹对目标的探测识别通常采用两次扫描判定的方式,即第一次扫过目标后,向中央控制器报告目标信息,第二次扫过目标时把目标敏感数据与特定目标的特征值进行比较,做出最后判定;⑥如果根据第二次扫描结果确定是目标,中央控制器发出指令引爆 EFP 战斗部,EFP 以 2000m/s 左右的速度射向目标顶部,击中并杀伤目标,如图 8.3(b)、(c)所示。如果判定为非目标,则子弹继续扫描搜索;如果一直未发现目标,子弹将在距地面一定高度时自毁。

(a) 末敏子弹稳态扫描　　　　(b) EFP战斗部起爆　　　　(c) EFP攻击目标顶装甲

图 8.3　末敏子弹攻击过程

在实际作战应用时,通常采用饱和攻击的方式,即同时发射大量的、常常是数倍于被攻击目标的末敏子弹对集群装甲目标进行攻击,以取得较高的目标杀伤概率。

美国、德国和俄罗斯等国从 20 世纪 70 年代初就开始了末敏弹的研制开发工作,曾先后研制成功多种技术先进、性能优良的末敏弹。SADARM(Sense and Destroy Armor)是美国陆军装备的一种末敏弹,其母弹和子弹外形如图 8.4(a)所示。敏感体制为 13 元线阵红外探测和 8mm 主动/被动探测复合,采用了钽战斗部以增大杀伤效果,可由 155 毫米炮弹和 227 毫米火箭弹携带。德国的 SMArt(Sensor - fuzed Munition for Artillery)是当今最先进的末敏弹之一,其外形和子弹结构如图 8.4(b)所示。复合敏感装置采用了 3 个不同信号通道,即 5 元线阵红外探测器、94GHz 毫米波辐射计和 94GHz 毫米波雷达,具有较强的抗干扰能力,其中毫米波辐射计和毫米波雷达共用一个天线,并且天线与 EFP 战斗部的药型罩融为一体,设计非常巧妙。BONUS 是由法国和瑞典联合研制的 155mm 炮射末敏弹,其母弹、子弹外形如图 8.4(c)所示。BONUS 末敏子弹的稳态扫描系统没有采用通常的涡旋降落伞,而是采用了两片大小不同的旋弧翼,优点是子弹降落速度高达 45m/s(使用旋转伞的子弹下落速度一般为 10 ~ 18m/s),减少了风对子弹弹道的影响和被敌方干扰的机会。早期 BONUS 末敏子弹敏感器只采用了双波段红外探测器,目标识别概率相对较低,新型 BONUS 末敏子弹敏感器改用三波段红外辐射计并采用了激光测距仪。此外,著名的末敏弹型号还有美国的 Skeet 航空布撒末敏弹(采用双波段红外、激光测距复合敏感体制)、俄罗斯的 SPBE - D 航空布撒末敏弹(采用双模红外敏感体制)、"旋风"9M55K1 火箭末敏弹(早期为双模红外敏感体制,新一代产品改为红外/毫米波复合敏感体制)等。

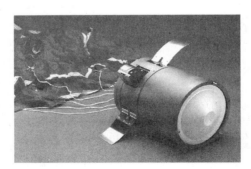

(a) SADARM

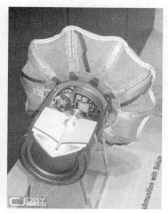

(b) SMArt

(c) BONUS

图 8.4   典型末敏弹

8.2   末敏弹对抗技术

末敏弹对抗包括对来袭末敏弹的侦察告警和干扰两个方面。

发现并识别来袭末敏弹是对其实施干扰的前提,这里首先讨论末敏弹的侦察告警问题。来袭末敏弹无论是采用炮弹、火箭弹、导弹,还是航空布撒器作为载体,在攻击过程中都具有相似的红外辐射特性变化规律:①末敏弹母弹在飞行中后段,弹体与大气剧烈摩擦导致弹体蒙皮温度明显高于背景温度,但其红外辐射特性与普通炮弹并无明显差异,仅可作为提高警戒的依据;②当末敏弹飞临目标区上空且距地面 1~2km 时,母弹将末敏子弹从弹仓中抛射出,随后空域中较为密集地出现多个小目标,此特征可作为识别末敏弹来袭的主要依据之一;③末敏子弹经短时间自由飞行之后,打开减速减旋装置,一段时间后抛开减速减旋装置并打开减旋伞,此过程中多个动作一般要通过引爆火工品来驱动,所以在短时间内目标的红外辐射强度会明显增大。

针对以上特征,可以基于可见光和红外成像探测技术对来袭末敏弹进行侦察告警,但还需要注意:①由于末敏弹一般采用顶部攻击方式,针对末敏弹的侦察告警装备应加强对被保护目标天顶部分的监视;②由于大量末敏弹来袭时在空中呈较大范围散布状态,且末敏子弹体积较小,针对末敏弹的侦察告警应采用大视场、近距离的成像探测方式。

再来讨论末敏弹的干扰问题。如 8.1 节所述,末敏子弹采用的敏感器主要有红外探测器、毫米波雷达、毫米波辐射计等,而且为提高目标探测识别概率,一般采用多敏感器复合体制,如表 8.1 所列。在战场上,由于无法预知来袭末敏弹采用的敏感体制,就要求对抗装备尽可能可对所有可能的敏感器实现有效干扰。同时,考虑到末敏子弹敏感器的探测视场一般都很小,要对其实施有效干扰,还必须确保干扰信号能进入其探测视场。另外,如上所述,末敏弹通常采用饱和攻击方式,对集群装甲目标攻击时同时投放数十到数百枚末敏子弹,这就要求针对末敏弹的对抗装备必须具有较强的多目标对抗能力。

表 8.1 典型末敏弹的敏感体制

型号	敏感体制		主要功能
SADARM	三模复合	长波红外探测器	寻的
		毫米波雷达(35GHz)	测高及一维距离成像
		毫米波辐射计(35GHz)	排除非金属目标
SMArt	三模复合	长波红外探测器	寻的
		毫米波雷达(94GHz)	测高及一维距离成像
		毫米波辐射计(94GHz)	排除非金属目标
BONUS（早期）	双模红外	长波红外探测器	寻的
		中波红外探测器	排除已燃毁目标及抗火光干扰
Skeet	三模复合	双波段红外探测器	寻的及排除高温目标
		激光测距仪	测高
SPBE – D	双模红外		寻的及排除高温目标

根据末敏弹的上述特点,在各种常用电子对抗手段中,对末敏弹比较有效的对抗手段主要是诱饵(或假目标)、烟幕干扰、伪装隐身等。

在被保护装甲目标周围布设诱饵,可在末敏子弹稳态扫描阶段干扰其敏感器。可以设想,通过在被保护集群装甲目标中间及四周大量布撒诱饵,可以对来袭的末敏子弹集群形成冲淡式干扰,降低末敏子弹对装甲目标的命中概率和杀伤概率,提高其存活概率。为了能有效干扰各种敏感体制的末敏子弹,诱饵需要在多个波段逼真模拟装甲目标的辐射(或反射)特征。考虑到末敏子弹敏感器均采用点源探测方式,对目标并不成像,且由于末敏子弹从探测发现目标到中央控制器发出引爆 EFP 战斗部指令的时间间隔很短,对探测信号不可能进行过于复杂的处理,所以对诱饵形状和几何特征的要求并不高,只要在辐射特征上与目标接近即可。

为利用烟幕有效对抗末敏弹,要求烟幕在红外、毫米波等多个波段同时具备良好的遮蔽性能,使末敏子弹敏感器难以探测识别装甲目标,同时能有效衰减弹载毫米波雷达发射的电磁波能量。目前,宽波段烟幕技术已经比较成熟。例如,以环氧树脂、酚醛树脂等泡沫状高分子材料为载体,加入金属微粒制成的发烟剂,能够同时有效遮蔽包括可见光、红外、毫米波乃至微波在内的多个波段的辐射。美国雷声(Raytheon)公司生产的 M58"狼式"发烟车,无需中间加油,就能长时间持续生成可覆盖可见光、红外和毫米波波段的烟幕。

8.3　末敏弹对抗试验

根据以上论述可以看出,末敏弹的攻击与对抗是一个集群对集群的攻击与反攻击过程,这是与导弹攻击与对抗显著不同之处。正是这一特点,使得末敏弹对抗试验特别是末敏弹干扰效果试验,存在着两方面的困难:一方面,如果在外场调用集群装甲目标并发射大量末敏弹来检验对抗装备对末敏弹的对抗效果,无疑能够获得比较可信的试验结果,但这种方法对试验条件的要求太高,组织实施困难,试验耗费代价巨大,实际上难以实现;另一方面,如果只是在外场检验对抗装备对单个末敏子弹的干扰效果,虽然能够大幅度减小耗费代价、降低难度,但这种单体试验结果远远不能说明实战中集群对集群的攻击和对抗效果。

上述困难决定了末敏弹对抗试验只能采取外场试验与仿真试验相结合的途径,通过规模和数量有限的外场对抗试验获取决定对抗效果的一些关键数据,以此为基础构建可信的末敏弹对抗仿真模型,再通过大量的仿真对抗试验来分析、评估被试装备对末敏弹的对抗效果。

8.3.1　末敏弹侦察告警试验

末敏弹侦察告警试验用于检验对抗装备能否及时、准确告警来袭末敏弹,并考核对抗装备的作用距离等性能指标。为了获得可信的试验结果,应该构建末敏弹集群来袭的试验场景。然而,末敏弹攻击过程中环节很多,当母弹飞抵目标区上空后,末敏子弹从弹仓中分离,并在弹载时序控制电路的控制下,先后经历自由落体、减速伞降、旋转伞降和稳态扫描等一系列环节。试验时要逼真模拟实现上述所有环节是比较困难的,尤其是子弹依次拉开减速伞和旋转伞的动作通常需要引爆火工品驱动,具有一定危险性。为此,在侦察告警试验中,可选择末敏弹攻击过程中的一些典型环节来模拟,这些环节的模拟既要能体现末敏弹攻击过程的关键特征,又要使配试设备尽可能简单和便于实现。此外,在实战中通常是同时发射数十枚甚至上百枚末敏子弹进行攻击,试验时还需要考虑来袭末敏弹数量的模拟。

为了确定侦察告警试验中需要模拟的典型环节,需要详细分析末敏弹攻击过程的时序和末敏弹侦察告警的关键时机。典型的末敏子弹攻击过程时序如图8.5所示。末敏弹一般在距地面 $1 \sim 2km$ 之间进行子母弹分离;末敏子弹脱离弹仓后先自由落体 $1 \sim 2s$,随后打开减速伞(面积为 $0.1m^2$ 量级)进行减速减旋;经过大约 $20s$ 的减速伞降后,末敏子弹下降至 $200 \sim 300m$ 的高度;随后末敏子弹抛去减速伞,打开旋转伞(面积为 $1m^2$ 量级),进一步减速并导旋,大约在 $5s$ 内,末敏子弹达到固定落速、转速的稳态扫描阶段,高度为 $150m$ 左右;进入稳态扫描阶段后,末敏子弹便激活敏感器,对地面进行扫描探测,一旦确定装甲目标进入敏感器视场,末敏子弹立即发射 EFP 战斗部摧毁目标。

通过分析上述时序,容易得到如下推论:①末敏弹在子母弹分离前,在弹道特性、辐射特性方面与普通炮弹等目标并无显著差异,因此,在子母弹分离前末敏弹不具备可鉴别的特点,对抗装备自然也不可能在此阶段发出准确可靠的来袭末敏弹告警信息;②子母弹分离之后,末敏弹开始出现一系列容易鉴别的特点,例如,目标数量突然增多,空间分布更加密集,打开减速伞导致目标外形尺寸略有增大等;③虽然末敏子弹在打开面积为 $1m^2$ 量级的旋转伞后外形、辐射特征可能大于此前的减速伞降过程,因而更容易鉴别,但由于对抗装备从发出告警信息到实施干扰之间通常会有一定的时间延迟(一般在 $10s$ 左右),而从末敏子弹打开旋转伞到进入稳态扫描一般不超过 $5s$,因此,对抗装备只有在末敏子弹结束减速伞降之前、而不是打开旋转伞之后告警,才能实施及时、有效的干扰。

综合上述推论可知,末敏弹侦察告警的关键时机为子母弹分离到末敏子弹减速伞降结束之间的 20 多秒时间内,相应地,应该选取末敏子弹减速伞降过程

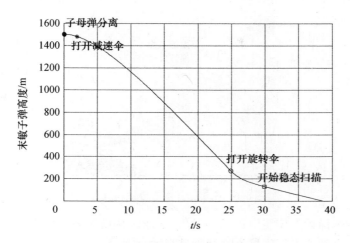

图 8.5　末敏子弹攻击过程时序

作为末敏弹侦察告警试验中需要模拟的典型环节,配试设备主要模拟减速伞降过程中末敏子弹的形态及辐射特征。

再考虑末敏弹数量的模拟问题。如前所述,末敏弹通常采用饱和攻击方式,同时发射数十枚甚至上百枚末敏子弹进行攻击。但是,在侦察告警试验中完全模拟如此数量的末敏子弹同时来袭并不是必须的,而只需要针对被试对抗装备的告警阈值选取数量合适的末敏子弹进行模拟就够了。假如被试装备在侦察空域内出现 N 枚或更多末敏子弹时即发出告警,则要求侦察告警试验中模拟同时来袭末敏子弹的数量不少于 N 枚即可。

在确定了模拟的典型环节和子弹数量后,就可以设计相应的末敏子弹模拟设备用于末敏弹侦察告警试验。模拟设备主要包括子弹抛撒器和满足规定数量要求的末敏子弹伞降模型,要求末敏子弹伞降模型能够逼真模拟末敏子弹在减速伞降环节的形态和辐射特征。试验时,末敏子弹模拟设备由飞行平台(如直升机或无人驾驶飞艇等)搭载升空,飞行至指定空域后,向地面同时抛撒规定数量的末敏子弹伞降模型,以检验对抗装备对末敏弹的侦察告警性能。使用末敏子弹模拟设备进行末敏弹侦察告警试验的过程如图 8.6 所示。

8.3.2　末敏弹干扰效果试验

对抗装备在侦察到末敏弹来袭、发出告警信息后,立即实施干扰以保护己方集群装甲目标。如果要完全通过外场试验来检验对抗装备对末敏弹的干扰效果,首先需要布设一定规模的集群装甲目标,再发射大量末敏弹对集群装甲目标实施攻击,从而构成末敏弹对集群装甲目标的攻击态势,然后再利用被试对抗装

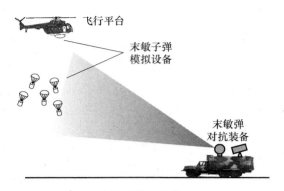

图8.6 末敏弹侦察告警试验过程

备实施干扰以保护集群装甲目标。图8.7给出一种通过布撒诱饵对来袭末敏弹实施冲淡式干扰的外场集群干扰试验过程示意图。

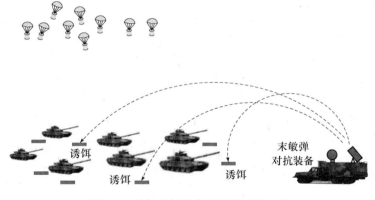

图8.7 外场末敏弹集群干扰试验过程

显然,这种试验模式由于参试设备众多、试验流程复杂、耗费代价巨大,实际上并不可行。而若仅利用单个或少数末敏子弹进行干扰试验,又不能反映集群对集群的攻击和对抗效果。因此,完全依靠外场试验不可能解决末敏弹干扰效果的试验评估问题。

这里以采用诱饵实施冲淡式干扰的末敏弹对抗装备为例,介绍一种结合外场单体干扰试验和集群对抗仿真的末敏弹干扰效果试验方法,既可避免在外场开展耗费代价巨大的末敏弹集群对抗试验,又可给出比较可信的试验评估结果,是一种效费比较高的可行方法。

1. 试验方法概述

结合外场单体干扰试验和集群对抗仿真的末敏弹干扰效果试验流程如图

8.8 所示。

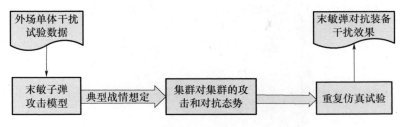

图 8.8　末敏弹干扰试验流程

首先,通过在外场开展针对单个末敏子弹的干扰试验,获取决定干扰效果的关键参数和数据,如诱饵对末敏子弹的作用距离和不同距离下的引爆概率等。在此基础上,结合末敏子弹攻击过程的特点,构建准确的末敏子弹攻击模型。然后,依据典型战情,在仿真场景中布设大量末敏子弹对集群装甲目标发起饱和攻击,同时布设一定数量的诱饵实施干扰,形成集群对集群的攻击与对抗态势。最后,通过大量重复仿真试验,获得施加干扰情况下装甲目标的存活率,再通过与无干扰时的存活率进行比较来评估被试对抗装备对末敏弹的干扰效果。

2. 末敏子弹外场单体干扰试验

在外场针对单个末敏子弹进行干扰试验时,需要获取的主要参数和数据包括:①被试对抗装备所抛撒诱饵引诱末敏子弹对其发起攻击的最大作用距离 H_m;②当末敏子弹高度低于 H_m 时,在稳态扫描过程中单次扫过诱饵被引爆的概率 p。引爆概率 p 一般随末敏子弹的高度 H 而变化,因此,需要在试验中设置末敏子弹在不同高度下扫描诱饵,并通过足够多次重复试验以统计出可靠的试验结果。

在外场开展单体干扰试验时,主要困难在于如何模拟末敏子弹的稳态扫描,使得敏感器视场沿阿基米德螺线向内收缩。如果以逐个发射末敏子弹或者从空中抛撒末敏子弹敏感器的方式试验,由于无法准确设定末敏子弹与诱饵的交会条件,难以高效地获得 p 随 H 的变化关系和 H_m,而且由于需要进行足够多次重复试验以获得统计结果,耗费代价仍将十分巨大。

一种简便可行的方法是在支架或塔台固定高度上安装二轴转台并带动敏感器对地面作圆锥扫描,以模拟末敏子弹的稳态扫描过程。其原理是:二轴转台在输出绕方位轴匀速旋转运动的同时,输出与铅垂方向夹角缓慢减小的俯仰运动,带动敏感器以逐渐减小的扫描角对地面旋转扫描,使得敏感器在地面投影出的视场以向内收缩的阿基米德螺线形式搜索目标。同时,将被试装备的诱饵布设在支架或塔台下,构成空地攻击和对抗态势,如图 8.9 所示。

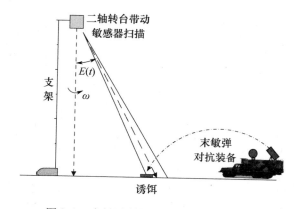

图 8.9 末敏子弹外场单体干扰试验过程

3. 末敏子弹攻击模型构建

根据末敏子弹攻击过程,可以确定末敏子弹攻击模型的总体结构,如图 8.10 所示。

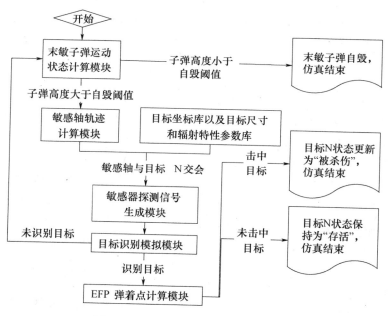

图 8.10 末敏子弹攻击模型总体结构

仿真开始后,末敏子弹运动状态计算模块计算末敏子弹的空间坐标和弹轴方向等运动参数。如果子弹高度大于自毁阈值,则敏感轴轨迹计算模块计算敏感轴在地面投影的轨迹,并将其与目标坐标库进行比较,判断当前敏感轴是否与目标发生近似交会。当敏感轴与目标 N 发生近似交会时,敏感器探测信号生成模块调用目标 N 的坐标、尺寸及辐射特性参数,生成探测信号。目标识别模拟模块对探测信号波形进行实时分析,判决目标属性并"定中"。若目标被识别,EFP 弹着点计算模块调用当前的末敏子弹运动状态参数,计算 EFP 弹着点位置,并根据弹着点脱靶量,判决子弹是否命中目标 N,同时结束仿真;若目标未被识别,则仿真进程继续。若子弹高度降至自毁阈值后,仍未识别任何目标,则子弹自毁,仿真结束。

在图 8.10 所示末敏子弹攻击模型中,敏感器探测信号生成模块和目标识别模拟模块是决定干扰效果的关键环节,需要基于外场试验数据构建或利用实测数据加以验证,这样才能保证末敏子弹攻击模型以及整个仿真试验的可信度。

敏感器是末敏子弹感知目标与背景差异的关键环节,为了准确刻画末敏子弹攻击过程,必须构建可信的敏感器探测信号生成模块。这里以常用的弹载毫米波辐射计为例,介绍其敏感器探测信号生成模块的算法原理,并利用实测数据对算法进行验证。

假设某目标在毫米波辐射计工作波段与背景的辐射亮温差值为 ΔT_T,相对辐射计天线所张的立体角范围为 A_T,天线增益方向图在半波束宽度内近似满足:

$$G(\theta) = G_0 e^{-B\theta^2} \tag{8.1}$$

式中:G_0 为天线波束中心增益值;θ 为偏离天线波束中心的角度值;B 为表征天线波束宽度的常数。那么,该目标对毫米波辐射计天线温度的影响 ΔT_A 满足:

$$\Delta T_A = \frac{1}{4\pi}\int_{A_T}\Delta T_T G(\theta)\,\mathrm{d}\Omega = \frac{G_0\Delta T_T}{4\pi}\int_{A_T}e^{-B\theta^2}\,\mathrm{d}\Omega \tag{8.2}$$

设末敏子弹敏感轴与目标交会条件如图 8.11 所示。末敏子弹 A 距目标平面高度为 H,在目标平面的投影点为 O;AB 为敏感轴,其与铅垂方向的夹角为 θ_F;目标轮廓范围为 (x_1, x_2, y_1, y_2),目标单元 C 相对 O 点的坐标为 (x, y),尺寸为 $\mathrm{d}x \times \mathrm{d}y$,$CO$ 相对 Oy 方向的角度为 β。那么,单元 C 相对毫米波辐射计天线所张的立体角为

$$\mathrm{d}\Omega = \frac{H}{(x^2 + y^2 + H^2)^{3/2}}\mathrm{d}x\mathrm{d}y \tag{8.3}$$

单元 C 偏离天线波束中心的角度为

$$\theta = \arccos\frac{H\cos\theta_F + (y\cos\beta + x\sin\beta)\sin\theta_F}{(x^2 + y^2 + H^2)^{1/2}} \tag{8.4}$$

将式(8.3)、式(8.4)代入式(8.2),可得目标对毫米波辐射计天线温度的影响为

$$\Delta T_A = \frac{G_0 \Delta T_T H}{4\pi} \iint\limits_{y_1 x_1}^{y_2 x_2} \frac{\exp\left\{ -B\left[\arccos\dfrac{H\cos\theta_F + (y\cos\beta + x\sin\beta)\sin\theta_F}{(x^2 + y^2 + H^2)^{1/2}}\right]^2 \right\}}{(x^2 + y^2 + H^2)^{3/2}} dxdy$$

$$(8.5)$$

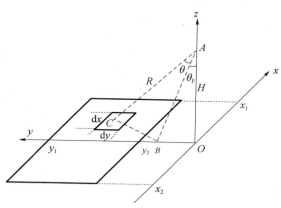

图 8.11　末敏子弹敏感轴与目标交会条件

　　根据式(8.5)仿真得到的敏感器探测信号与实测结果的对比如图 8.12 所示。其中,细线为仿真结果,由上至下依次对应弹载 8mm 敏感器在 20m、30m、40m、50m、68m 高度扫描坦克目标产生的探测信号;粗线为实测结果,由上至下分别为利用 8mm 辐射计在 41m 和 68m 高度上对尺寸为 3.5m×7m 的金属板(模拟坦克目标)进行扫描得到的实测信号波形。由于地面背景的辐射亮温并不完全均匀,实测信号波形在目标前后存在一定的起伏,但其脉宽、斜率等特征与仿真结果基本吻合,表明所建模型是可信的。

　　末敏子弹在利用敏感器扫描目标的同时,还需要对敏感器产生的探测信号进行实时处理以识别目标并发出引爆指令。目标识别模拟模块采用“解保—识别”的工作模式,即当探测信号幅值大于解除保险阈值时,末敏子弹将在一个扫描周期之后开启一个解保窗口,当且仅当该窗口期内的目标探测信号符合预设模板的特征时,末敏子弹有一定的概率 p 识别该目标并在“定中”后执行火力打击。识别概率 p 受交会高度及天气条件等因素的影响,对于诱饵目标,具体影响关系是通过 8.3.2 节第 2 部分所述末敏子弹外场单体干扰试验而实际测定的。

　　基于上述末敏子弹攻击模型,便可进行末敏子弹单体攻击与干扰仿真试验,获得任意一枚末敏子弹在无干扰和布撒诱饵干扰情况下的扫描探测和攻击过程及结果。设一枚末敏子弹从空间点(60m, 60m, 100m)处开始稳态扫描,落速为 13m/s,扫描转速为 3r/s。在扫描范围内共有 1 辆坦克和 3 个诱饵,其中,坦克尺

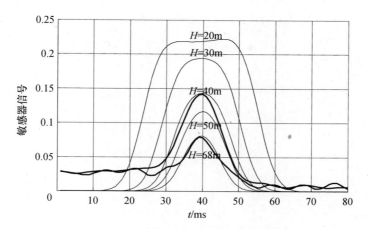

图 8.12　末敏子弹敏感器探测信号仿真与实测结果对比

寸为 3.5m×7m,位置为(90m, 60m),诱饵 A、B、C 的尺寸均为 1.4m×1.4m,位置分别为(60m, 110m)、(70m, 80m)、(109m, 40m)。

　　在上述试验条件下,按图 8.10 所示流程进行重复仿真试验,典型试验结果如图 8.13(a)、(b)、(c)所示,图中螺旋线为敏感轴在地面投影的扫描轨迹,小方块为诱饵,"×"标识 EFP 弹着点。图 8.13(b)对应的敏感器扫描探测信号波形如图 8.13(d)所示。

　　图 8.13(a)、(b)、(c)所示三次仿真试验中,末敏子弹敏感轴与诱饵 C 的交会高度均大于 H_m,故末敏子弹均未识别诱饵 C。在图 8.13(a)所示的试验结果中,末敏子弹识别出诱饵 A 并将其杀伤。图 8.13(b)所示的试验结果中,末敏子弹未能识别诱饵 A,而在敏感轴三次交会坦克时,识别坦克并将其杀伤。图 8.13(c)所示的试验结果中,末敏子弹在敏感轴四次交会坦克时,识别坦克并将其杀伤。图 8.13(d)所示的敏感器扫描探测信号波形表明,在图 8.13(b)所示仿真试验中,敏感轴与诱饵 C 发生的历次交会中,先后共有 4 次因探测信号大于解保阈值而打开了解保窗口(虚线表示出解保状态字发生阶跃变化),诱饵 A 则先后 3 次触发末敏子弹打开解保窗口,但诱饵 A 和 C 均未引爆末敏子弹。敏感轴与坦克发生第三次交会时,末敏子弹识别坦克并发出引爆指令将其杀伤(图中"＊"所示)。

4. 末敏弹集群攻击与对抗仿真试验

　　根据上述试验方法,在根据外场试验数据构建末敏子弹攻击模型后,还需要根据典型战情设计,构建利用一定数量诱饵来干扰来袭末敏子弹集群以保护集群装甲目标的攻击与对抗态势,再通过大量重复仿真试验获得装甲目标存活率,

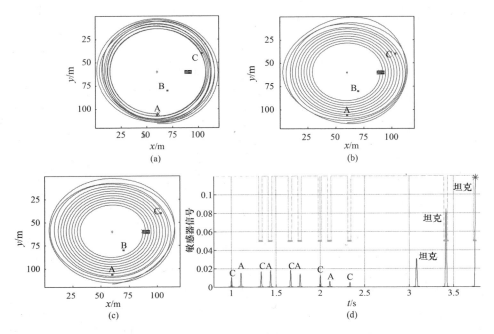

图 8.13　末敏子弹攻击与干扰仿真试验结果示例

以评估被试装备对末敏弹的干扰效果。

　　末敏弹集群攻击与对抗仿真试验一般流程如图 8.14 所示。首先根据典型战情设计生成己方装甲目标、诱饵及来袭末敏子弹的初始坐标集。然后，以穷举方式为每个末敏子弹坐标分配一个末敏子弹攻击模型，令其仿真计算各个末敏

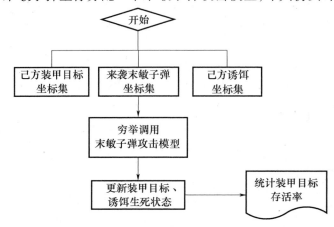

图 8.14　末敏弹集群攻击与对抗仿真试验一般流程

子弹的扫描轨迹、敏感器探测信号、目标识别结果等数据。最后,更新各个装甲目标及诱饵的生死状态,并统计装甲目标的存活率。

需要指出的是,一般情况下末敏子弹攻击模型计算敏感器探测信号的复杂度较高,上述仿真试验过程中以穷举方式重复调用末敏子弹攻击模型使得运算量非常大,这要求在设计算法时对攻击目标的筛选、探测信号生成方法等进行必要的优化。

8.4　末敏弹干扰效果评估

在评估末敏弹的作战效能时,通常利用末敏弹对目标的命中概率或杀伤概率作为评估指标。由于末敏弹主要以集群目标为作战对象,在许多情况下为方便和直观,往往还利用杀伤一定目标数的用弹量来评估末敏弹作战效能。

对来袭末敏弹实施电子干扰,目的是削弱其对己方集群装甲目标的精确打击能力,其干扰机理实际上是通过干扰末敏子弹敏感器对目标的正常探测和准确识别,使末敏子弹对目标的命中概率下降,进而导致杀伤概率下降或杀伤一定目标数的用弹量增大。为此,可以通过比较实施干扰前后末敏弹的目标命中概率、杀伤概率或杀伤一定目标数的用弹量的变化,来评估对抗装备对末敏弹的干扰效果。具体方法可参照第 5 章中利用命中概率准则、杀伤概率准则评估导弹干扰效果的方法,此处不再赘述。

另外,从保护己方集群装甲目标的角度看,防护方主要关心的是通过干扰来袭末敏弹能否提高己方集群装甲目标的生存能力,因此利用己方集群装甲目标存活概率的变化来评估末敏弹干扰效果就显得更为直观。存活概率简称存活率,可直接根据杀伤概率得到。设存活概率为 P_L,杀伤概率为 P_K,则有 $P_L + P_K = 1$。这样,就可以根据被末敏弹攻击的集群装甲目标在实施干扰前后存活概率的变化情况评估对抗装备对末敏弹的干扰效果。

8.5　末敏弹模拟设备

如上所述,无论是末敏弹侦察告警试验,还是末敏弹干扰效果试验,都需要有相应的配试模拟设备,用于模拟末敏弹的相关特征。

在末敏弹侦察告警试验中,配试模拟设备只需要模拟末敏弹攻击过程中的表观特征,根据 8.3.1 节所述侦察告警试验方法,主要是模拟减速伞降过程中末敏子弹的形态及辐射特征。模拟设备一般包括满足规定数量要求的末敏子弹伞降模型及其机载抛撒器,其中,末敏子弹伞降模型要求在材质、颜色、发射率、形状、尺寸等特性上与真实末敏子弹及其减速伞相似。试验时,末敏弹模拟设备由飞行平台搭载升空,飞行至指定空域后,向地面同时抛撒规定数量的末敏子弹伞降模型,以检验对抗装备对末敏弹的侦察告警性能。

在末敏弹干扰效果试验中,配试模拟设备需要模拟末敏子弹的稳态扫描、目标识别和攻击行为,用于完成末敏子弹外场单体干扰试验。模拟设备一般包括稳态扫描模拟、复合敏感探测、弹载数据记录、EFP弹着点指示、显控与存储、时统等功能单元。其中,稳态扫描模拟单元即二轴转台,试验时转台安装在支架(或塔台)一定高度上,转台上加装复合敏感探测、弹载数据记录和EFP弹着点指示等单元,转台在两轴运动中带动复合敏感探测单元以逐渐减小的扫描角对地面旋转扫描,使得复合敏感探测单元在地面的投影视场以向内收缩的阿基米德螺线形式搜索目标。当扫过敏感目标时,复合敏感探测单元探测、识别目标并发出引爆指令信号。EFP弹着点指示单元接收到引爆指令信号后对EFP弹着点进行指示,以一定方式(如可见光波段的激光照射等)实时、直观地显示当前攻击是否命中目标。弹载数据记录单元实时记录复合敏感探测单元产生的扫描探测信号、目标识别信号和引爆指令信号,并发送给显控与存储单元。显控与存储单元控制复合敏感探测单元和稳态扫描模拟单元的工作状态,并接收、存储、显示和处理分析它们产生的测量数据。

在干扰效果试验用末敏弹模拟设备的设计中,需要着重考虑三个问题:①末敏弹的敏感体制种类较多,应该选取其中最具代表性的典型敏感体制进行模拟;②稳态扫描模拟单元的核心是高精度二轴转台,为有效模拟稳态扫描过程,应对转台的性能要求进行具体分析;③稳态扫描模拟单元设计、安装时,应设法减小安装支架(或塔台)对扫描范围的遮挡。

首先讨论末敏弹敏感体制的选择模拟问题。敏感器是末敏子弹感知目标的核心组件,根据表8.1,在各种敏感器中,长波红外探测器用于寻的,中短波红外探测器用于排除已燃毁目标及抗火光干扰,毫米波辐射计用于排除非金属目标,毫米波雷达、激光测距仪主要用于测高。为提高目标探测识别概率,末敏弹通常采用复合敏感体制,集多种敏感器于一体,同时具备上述各种功能。其中,长波红外/毫米波雷达/毫米波辐射计、双波段红外/激光测距仪等是最有代表性的复合敏感体制,涵盖了目前大多数末敏弹型号的敏感体制类型。为尽可能满足不同试验需求,末敏弹模拟设备的复合敏感探测单元应包括多种典型复合敏感器,试验时可根据不同敏感体制末敏弹的模拟要求,选用不同的复合敏感器。

再来分析稳定扫描模拟转台的性能要求。末敏子弹在稳态扫描过程中,子弹一边降落,一边匀速旋转,使其敏感轴在地面的投影沿阿基米德螺线向内收缩,其坐标(x, y)为

$$\begin{cases} x = (H_0 - vt)\cos(\omega t)/\sqrt{3} \\ y = (H_0 - vt)\sin(\omega t)/\sqrt{3} \end{cases} \tag{8.6}$$

式中：H_0 为末敏子弹开始稳态扫描的起始高度；v 为子弹落速；ω 为子弹扫描角速度。在利用二轴转台模拟末敏子弹稳态扫描时，转台在输出绕方位轴匀速旋转运动的同时，输出与铅垂方向夹角缓慢减小的俯仰运动，从而带动敏感器以逐渐减小的扫描角对地面旋转扫描。为实现式（8.6）所示阿基米德螺线扫描，对二轴转台的控制要求为

$$\begin{cases} \alpha = \arctan \dfrac{H_0 - vt}{H} \\ \beta = \omega t \end{cases} \tag{8.7}$$

式中：α、β 分别为转台俯仰角、方位角；H 为转台安装位置距地面的高度。在减速伞降阶段，末敏子弹落速一般在 $10\sim20\text{m/s}$ 之间，假设转台安装在 $H=90\text{m}$ 的高度，为了模拟不同落速下末敏子弹敏感轴的扫描轨迹，对转台俯仰角速度变化的要求如图 8.15 所示。

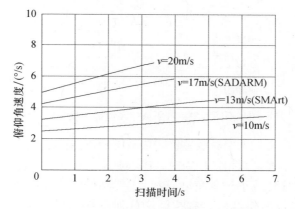

图 8.15　不同子弹落速下转台俯仰角速度变化

除了角速度控制能力，还需要考虑转台的俯仰运动范围，这要根据扫描角对敏感器探测性能的影响、转台对扫描范围的遮挡等因素来确定。末敏子弹一般以 30°左右的固定扫描角对地扫描。改变敏感器的扫描角有可能影响探测性能。有关研究发现，红外探测器对扫描角的变化不敏感，当扫描角在 0°～50°间变化时，针对同一目标的作用距离不发生明显改变。但是，毫米波辐射计对扫描角变化比较敏感，这是因为金属目标的毫米波强度主要取决于金属表面反射的天空辐射亮温。当天顶角大于 40°时，天空亮温随天顶角增大而迅速增大。图 8.16 给出 3mm 和 8mm 波段在晴天、辐射雾和层云气象条件下计算得到的天空

亮温随天顶角的变化,计算模型采用的是 H. Liebe 改进的模型。因此,当扫描角大于40°后,毫米波辐射计探测金属目标与地面背景时的对比度急剧降低。当扫描角小于35°时,天空亮温随扫描角的变化比较平稳。但当扫描角小于2倍波束(约10°)时,毫米波辐射计自身的毫米波逆向噪声将在金属目标上产生明显反射,干扰对金属目标的探测。为此,毫米波辐射计的扫描角范围一般应限制在10°~35°。另外,为减小转台遮挡对毫米波辐射计有效扫描范围的影响,扫描角不宜太小,毫米波辐射计正常工作的扫描角变化范围进一步限制为15°~35°。作为安装敏感器的转台,要求当俯仰角大于15°时,转台自身不会遮挡敏感器的扫描。

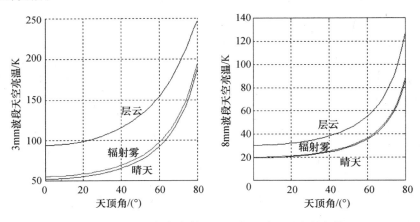

图 8.16　不同气象条件下天空亮温随天顶角的变化

最后讨论转台安装支架对敏感器扫描范围的遮挡问题。将二轴转台安装在支架上模拟末敏子弹稳态扫描行为时,支架将不可避免地对敏感器的扫描范围产生遮挡。设扫描角减小到某角度 α 时,支架刚好完全遮蔽了敏感器视场,则定义 α 为支架遮挡的临界角。临界角 α 分别取 0°、15°、20°、30°时,敏感器在 80m 高度时对地面的有效扫描范围分别如图 8.17(a)、(b)、(c)、(d)中的深色区域所示,浅色区域则表示被支架遮挡的扫描范围。

图 8.17(d)所示的有效扫描范围过小,将无法开展末敏子弹外场单体干扰试验。因此,需要充分优化设计转台的结构和安装方式,尽量减小安装支架对敏感器扫描范围的遮挡。具体办法有增大转台的长径比(即转台高度与台体直径的比值)、将转台伸出支架吊装等。

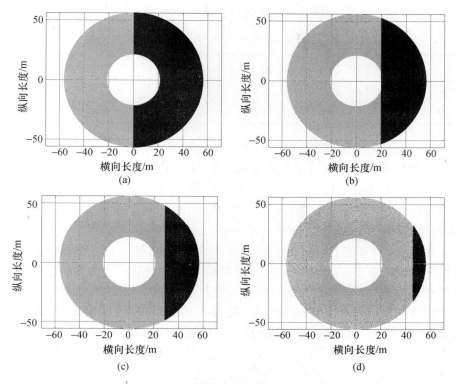

图 8.17 不同遮挡程度时敏感器的有效扫描范围

8.6 典型应用

本节介绍上述末敏弹干扰效果试验评估方法的一个典型应用实例。被试装备采用红外成像方式对来袭末敏弹进行侦察告警,再通过在被保护集群装甲目标中间抛撒大量诱饵的方式对末敏弹实施冲淡式干扰,以降低末敏弹对集群装甲目标的杀伤概率或提高集群装甲目标的存活率。其中,诱饵有两种:一种为毫米波/红外复合无源诱饵;另一种为毫米波有源诱饵。

为了获得被试诱饵对末敏子弹的作用距离以及不同距离下的引爆概率,首先按图 8.9 所示模式进行了末敏子弹外场单体干扰试验。试验时,启动安装在支架上的配试末敏子弹模拟设备,对布设在支架下方地面的诱饵目标进行扫描,重复扫描 n 次后,统计末敏子弹模拟设备识别、攻击诱饵的次数 m,并记录此时末敏子弹模拟设备距离地面的高度 H(即扫描高度),计算末敏子弹模拟设备在高度 H 上单次扫描到诱饵并被引爆的概率 $p = m/n$。然后,改变扫描高度 H,重复上述试验过程。试验项目及结果统计如表8.2所列。

表8.2　末敏子弹外场单体干扰试验项目及结果

扫描高度 H		40m	60m	80m	100m
单次扫描引爆概率 p	复合无源诱饵	>0.8	>0.8	无法识别	无法识别
	毫米波有源诱饵	>0.8	>0.8	>0.8	>0.8

　　根据表8.2所列的外场单体干扰试验结果,可以确定相应末敏子弹攻击模型的关键参数,主要包括:①设置无源诱饵对末敏子弹的最大作用距离 $H_m =$ 70m,且当末敏子弹高度低于 H_m 时,对诱饵的单次交会识别概率 p 为0.85;②设置有源诱饵对末敏子弹的最大作用距离 $H_m = 100\mathrm{m}$,且当末敏子弹高度低于 H_m 时,对诱饵的单次交会识别概率 p 为0.85。

　　根据8.3.2节所述末敏弹干扰效果试验方法,在基于上述外场单体干扰试验结果构建末敏子弹攻击模型后,还需要设计典型战情,构建大量诱饵干扰来袭末敏弹以保护集群装甲目标的攻击与对抗态势,再按图8.14所示流程重复进行末敏弹集群攻击与对抗仿真试验,最终获得相应战情条件下装甲目标的存活率。现假设己方有一个由80辆坦克组成的突击群位于 $1\mathrm{km} \times 1.2\mathrm{km}$ 的区域内,突击群采用 8×10 矩阵编队方式行进,但存在一定的行进间偏差。在突击群行进至距敌方约10km时,敌方发现突击群,向突击群发射120发末敏炮弹,每发末敏炮弹携带2枚末敏子弹,这些子弹抛撒开后在突击群上空呈随机离散分布。己方发现末敏弹来袭后,立即在突击群中布撒5倍于坦克数量的诱饵(即400个诱饵)以保护突击群。本实例中末敏弹集群攻击与对抗仿真试验的典型场景如图8.18所示。

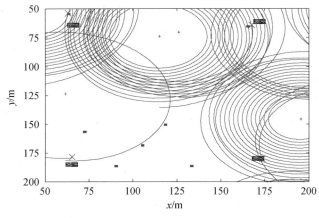

图8.18　末敏弹集群攻击与对抗仿真试验场景示例

按照上述战情想定,分别在无干扰、施加无源干扰和有源干扰条件下进行仿真试验,每种情况下重复仿真 20 次,分别统计存活坦克数量,计算坦克存活率,结果如表 8.3 所列。

表 8.3 末敏弹集群攻击与对抗仿真试验结果

试验条件	存活坦克数量										存活率
无干扰	24	26	21	22	29	30	23	26	29	26	35.3%
	34	33	31	26	34	34	29	21	36	31	
施加无源干扰	39	35	36	40	35	35	35	28	37	34	44.8%
	39	40	36	33	35	40	35	33	41	30	
施加有源干扰	52	53	60	60	58	56	49	57	48	57	70.1%
	58	59	60	61	52	53	63	50	56	59	

由表 8.3 可见,在无干扰时,坦克面对末敏子弹饱和攻击的存活率仅为 35.3%;施加 5 倍于坦克数量的无源诱饵干扰时,坦克存活率提高到 44.8%;施加 5 倍于坦克数量的有源诱饵干扰时,坦克存活率提高到 70.1%。试验结果表明:被试装备所抛撒的无源诱饵对来袭末敏弹的干扰效果有限,己方集群坦克的存活率提高不到 10 个百分点,但其所抛撒的有源诱饵对末敏弹的干扰效果很明显,可加倍提高己方集群坦克的存活率。

参 考 文 献

[1] 熊群力,陈润生,杨小牛,等. 综合电子战(第2版)[M]. 北京:国防工业出版社,2008.

[2] 侯印鸣,李德成,孔宪正,等. 综合电子战[M]. 北京:国防工业出版社,2000.

[3] Vakin S, Shustov L, Dunwell R. Fundamentals of Electronic Warfare[M]. Norwood, USA: Artech House, 2001.

[4] 赵国庆. 雷达对抗原理(第2版)[M]. 西安:西安电子科技大学出版社,2012.

[5] 刘京郊. 光电对抗技术与系统[M]. 北京:中国科学技术出版社,2004.

[6] 吕跃广,孙晓泉. 激光对抗与应用[M]. 北京:国防工业出版社,2015.

[7] 谢莉,孙昊,贾玉林. 激光制导武器的对抗技术研究[J]. 航天电子对抗,2010,26(2):19-22.

[8] 薛建国,陈勇. 高重频激光对激光导引头的干扰研究[J]. 航空兵器,2006(3):30-32.

[9] 车进喜,薛建国,陈勇. 高重频激光对半主动激光制导武器干扰机理分析及实施方法探讨[J]. 光电技术应用,2006,21(6):29-33.

[10] 徐代升,王建宇. 高重频激光压制干扰与激光制导系统相互作用效应研究[J]. 量子电子学报,2006,23(2):208-212.

[11] 谢小川. 高重频激光对激光导引头干扰性能的研究[J]. 航天电子对抗,2005,21(5):23-25.

[12] 朱陈成,聂劲松,童忠诚. 高重频激光干扰模式的分析[J]. 红外与激光工程,2009,38(6):1060-1063.

[13] 丁振东,邢晖,张维安,等. 激光测距的高重频干扰分析[J]. 光电技术应用,2007,22(2):1-3.

[14] 淦元柳. 对激光近炸引信的干扰技术[J]. 光电技术应用,2004,19(5):7-10.

[15] 郝向南,聂劲松,李化. CCD强光饱和效应的温度因素分析[J]. 光电工程,2011,38(7):54-58.

[16] 叶盛祥,杨虎,谢德林. 光电干扰防护系统技术[M]. 北京:国防工业出版社,2005.

[17] 王永仲. 现代军用光学技术[M]. 北京:科学出版社,2003.

[18] 付伟. 烟幕的遮蔽、施放及测试技术[J]. 航天电子对抗,2002,18(3):42-45.

[19] 孙世安,费逸伟,王协旗,等. 红外烟幕材料及其发展趋势[J]. 红外技术,2005,27(2):164-166.

[20] 时家明,王峰. 国外陆军光电对抗装备综述[J]. 现代军事,2005(10):40-42.

[21] 姚月松,程正东,马东辉,等. 激光箔片与漫反射板的反射效率及其应用分析[J]. 弹箭与制导学报,2008,28(2):251-254.

[22] GJB 891A-2001,电子对抗术语[S].

[23] 《空军装备系列丛书》编审委员会. 电子对抗装备[M]. 北京:航空工业出版社,2009.

[24] 卢君,徐大伟,石永山. 机载红外诱饵弹的运动轨迹模型及发展方向[J]. 光电技术应用,2004,19(3):10-14.

[25] 郭修煌,何松华,孟庆华. 精确制导技术[M]. 北京:国防工业出版社,1999.

[26] 邓仁亮. 光学制导技术[M]. 北京:国防工业出版社,1992.

204

[27] 郑志伟，白晓东，胡功衔，等．空空导弹红外导引系统设计[M]．北京：国防工业出版社，2007．

[28] 孟秀云．导弹制导与控制系统原理[M]．北京：北京理工大学出版社，2003．

[29] 张万清，崔锡悦．飞航导弹电视导引头[M]．北京：宇航出版社，1994．

[30] 吴兆欣，洪信镇，李德纯，等．空空导弹雷达导引系统设计[M]．北京：国防工业出版社，2007．

[31] 安化海，闫秀生，郑荣山．激光制导信号的编码分析及识别处理技术[J]．光电对抗与无源干扰，1996（3）：26－30．

[32] 魏文俭，秦石乔，战德军，等．激光半主动寻的制导激光编码的研究[J]．激光与红外，2008，38（12）：1199－1203．

[33] 高烽．雷达导引头概论[M]．北京：电子工业出版社，2010．

[34] 张海生．宽频带比幅比相测向系统天线的设计[D]．国防科学技术大学，2008．

[35] 寇建辉．测向信号处理器的设计和实现[D]．哈尔滨工程大学，2009．

[36] 胡生亮，贺静波，刘忠，等．精确制导技术[M]．北京：国防工业出版社，2015．

[37] 雷欣．在高精度要求下的激光导引头改进设计探究[J]．电子测试，2013（10）：25－26．

[38] 李斌，崔晓晖，牛永界，等．经典导弹武器装备[M]．北京：中国经济出版社，2015．

[39] 成斌，赵威，杨宝庆，等．光电对抗装备试验[M]．北京：国防工业出版社，2005．

[40] Banks H, McQuillan R. Electronic Warfare Test and Evaluation[R]. RTO－AG－300 Vol. 17. Neuilly－Sur－Seine Cedex, France: NATO Research and Technology Organization, 2000.

[41] 高卫，孙奕帆，李娟，等．烟幕对电视导引头干扰效应的试验研究[J]．光子学报，2014，43（10）：1011006．

[42] 高卫，孙奕帆，原银忠．电视导引头视线角速度数据滤波实验研究[J]．光学与光电技术，2016，14（6）：35－38．

[43] 高卫，孙奕帆，李娟，等．一种用于干扰效果评估的闭环制导模拟方法[J]．飞行器测控学报，2014，33（5）：458－462．

[44] Gao W, Lu F. Simulation of proportional guidance law with an airship[C]. Proceedings of 27th Chinese Control and Decision Conference, 2015: 3542－3545.

[45] Gao W, Tie W. A test method for electronic jamming effect based on an unmanned aircraft[C]. Proceedings of 5th International Conference on Information Science and Technology, 2015: 121－124.

[46] Jackson II H, Blair T, Ensor B. Air force electronic warfare evaluation simulator (AFEWES) infrared test and evaluation capabilities[C]. Proc. SPIE 6544, 2007: 654408.

[47] Tucker T. Electronic Countermeasure Effectiveness: Evaluation Methods and Tools[R]. Ottawa, Canada: Tactical Technologies Inc. , 2009.

[48] Clements J, Robinson R, Bunt L, et al. Missile airframe simulation testbed: MANPADS (MAST－M) for test and evaluation of aircraft survivability equipment[C]. Proc. SPIE 8015, 2011: 80150A.

[49] Schleijpen R, Degache M, Veerman H, et al. Modelling infrared signatures of ships and decoys for countermeasure effectiveness studies[C]. Proc. SPIE 8543, 2012: 85430I.

[50] Gray G, Aouf N, Richardson M, et al. Countermeasure effectiveness against an intelligent imaging infrared anti－ship missile[J]. Optical Engineering, 2013, 52(2): 026401.

[51] 高卫，孙奕帆．一种结合外场试验与仿真的电子干扰效果评估方法[J]．弹箭与制导学报，2017，37(2)：165－169．

[52] 高卫，孙奕帆，危艳玲．基于外场试验的电视导引头烟幕干扰效应模型构建[J]．系统仿真技术，

2014, 10(3): 245 – 249.

[53] 高卫, 黄惠明, 李军. 光电干扰效果评估方法[M]. 北京: 国防工业出版社, 2006.

[54] 高卫. 电子干扰效果一般评估准则探讨[J]. 电子信息对抗技术, 2006, 21(6): 39 – 42.

[55] 李廷杰. 导弹武器系统的效能及其分析[M]. 北京: 国防工业出版社, 2000.

[56] 高卫. 对光电制导系统干扰效果的评估方法[J]. 弹道学报, 2005, 17(3): 53 – 59.

[57] 梁棠文, 李玉清, 何武城, 等. 防空导弹引信设计及仿真技术[M]. 北京: 宇航出版社, 1995.

[58] GJB 3257 – 1998, 无线电引信干扰效果评定准则[S].

[59] 高卫. 引信干扰效果评估准则探讨[J]. 探测与控制学报, 2007, 29(3): 76 – 79.

[60] GJB/Z 135 – 2002, 引信工程设计手册[S].

[61] 樊会涛, 吕长起, 林忠贤, 等. 空空导弹系统总体设计[M]. 北京: 国防工业出版社, 2007.

[62] 廖志忠, 徐日洲, 吴纪海, 等. 空空导弹发控系统设计[M]. 北京: 国防工业出版社, 2007.

[63] 蔡淑华, 黄运才. 飞航导弹火控系统[M]. 北京: 宇航出版社, 1996.

[64] http://www. defenseindustrydaily. com/arrowhead – mtads – pnvs – sensor – system – 06461/.

[65] https://en. wikipedia. org/wiki/Target Acquisition and Designation System, Pilot Night Vision System.

[66] 中航工业雷达与电子设备研究院. 机载雷达手册(第4版)[M]. 北京: 国防工业出版社, 2013.

[67] 严利华, 姬宪法, 梅金国, 等. 机载雷达原理与系统[M]. 北京: 航空工业出版社, 2010.

[68] 贲德, 韦传安, 林幼权, 等. 机载雷达技术[M]. 北京: 电子工业出版社, 2006.

[69] 张兆扬. 工业电视(上册)[M]. 北京: 科学出版社, 1982.

[70] 徐南荣, 卞南华. 红外辐射与制导[M]. 北京: 国防工业出版社, 1997.

[71] 高稚允, 高岳, 张开华. 军用光电系统[M]. 北京: 北京理工大学出版社, 1996.

[72] 邸旭, 杨进华, 韩文波, 等. 微光与红外成像技术[M]. 北京: 机械工业出版社, 2012.

[73] GJB 792A – 2006, 舰船箔条干扰设备设计定型试验规程[S].

[74] GJB 2944 – 1997, 雷达有源干扰效果评定准则[S].

[75] GJB 6093 – 2007, 弹道导弹电子攻防对抗系统雷达有源干扰对抗效果评定准则[S].

[76] 高卫. 对光电成像系统干扰效果的评估方法[J]. 光电工程, 2006, 33(2): 5 – 8.

[77] GJB 6742 – 2009, 烟幕干扰效果评定准则[S].

[78] 高卫, 孙奕帆, 孙鹏, 等. 光谱成像伪装干扰效果的相关函数分析[J]. 光学精密工程, 2015, 23(10): 91 – 97.

[79] 高卫, 孙鹏, 孙奕帆, 等. 基于平均绝对差分的光谱成像伪装干扰效果评估[J]. 光电工程, 2016, 43(5): 1 – 7.

[80] 高卫, 孙鹏, 孙奕帆, 等. 图像熵在光谱成像干扰效果评估中的应用研究[J]. 光学与光电技术, 2016, 14(1): 16 – 21.

[81] 何照才, 胡保安. 光学测量系统[M]. 北京: 国防工业出版社, 2002.

[82] 高卫. 对激光测距机干扰效果的评估方法研究[J]. 兵工学报, 2005, 26(6): 751 – 753.

[83] 王国玉, 汪连栋, 阮祥新, 等. 雷达对抗试验替代等效推算原理与方法[M]. 北京: 国防工业出版社, 2002.

[84] 董晓博. 雷达对抗装备试验[M]. 北京: 国防工业出版社, 2005.

[85] 杨绍卿. 灵巧弹药工程[M]. 北京: 国防工业出版社, 2010.

[86] 孙传杰, 钱立新, 胡艳辉, 等. 灵巧弹药发展概述[J]. 含能材料, 2012, 20(6): 661 – 668.

[87] 郭锐. 导弹末敏子弹总体相关技术研究[D]. 南京理工大学, 2006.

［88］耿海建. 毫米波红外复合敏感器信号处理系统研究［D］. 南京理工大学, 2007.

［89］薛建国, 巨养锋. 末敏弹干扰诱饵效能评估［J］. 光电技术应用, 2012, 27(1): 12 - 15.

［90］邢晖, 薛建国, 雷萍, 等. 冲淡式干扰技术在防护红外双色末敏弹攻击装甲目标中的应用研究［J］. 弹箭与制导学报, 2013, 33(4): 166 - 170.

［91］陈曦, 许建中, 孟春祥. 末敏弹毫米波辐射计波形干扰新方法［J］. 宇航学报, 2013, 34(6): 854 - 859.

［92］http://data. tiexue. net/view/8216.

［93］http://image. baidu. com/i.

内 容 简 介

本书主要论述电子对抗装备对精确制导武器系统干扰效果的试验与评估方法,内容包括常用的光电和雷达干扰技术、各类精确制导导弹的组成结构和工作原理、导弹干扰效果试验方法、导弹干扰效果评估方法、引信及其干扰效果试验与评估方法、机载火控系统及其干扰效果试验与评估方法、末敏弹及其对抗试验与评估方法等。

本书适用于从事电子对抗装备论证设计、研制生产、试验鉴定、作战使用的工程技术人员,以及从事电子对抗技术教学、研究的相关专业师生和科研人员,也可供从事导弹、末敏弹等精确制导武器试验鉴定的工程技术人员参考。

Abstract

The book mainly treats the test and evaluation methods for the jamming effect of electronic warfare equipment on precision guided weapon systems. It covers common electro – optical and radar jamming techniques, makeup and principle of various precisionguided missiles, test and evaluation of the electronic jamming effect on missiles, fuzes and test and evaluation of the electronic jamming effect on fuzes, airborne fire control systems and test and evaluation of the electronic jamming effect on airborne fire control systems, terminal sensing ammunition and test and evaluation of countermeasures on terminal sensing ammunition, etc.

The book is primarily for the professionals in the areas of research, development, test and use of electronic warfare equipment, and the teachers and students who are involved in electronic warfare techniques. It can also be used as a reference for those who are engaged in test and evaluation of precision guided weapons such as missiles and terminal sensing ammunition.